AI文生视频

Sora引领内容变革浪潮

徐鹏 常亮 著

清華大學出版社
北 京

内 容 简 介

随着AI技术的日新月异，AI文生视频已经成为内容创作领域的新宠。本书对这一领域进行深度剖析和前瞻展望。首先，从AI文生视频的起源讲起，详细介绍了其背后的技术原理和发展历程，并对当前主流的AI文生视频软件，如Sora、Pika、Runway等进行了全面剖析。其次，从脚本设计、素材选择、后期处理、视频优化、导出与发布等环节入手，阐述了创作者应如何掌握AI文生视频创作方法。最后，从AI虚拟人、AI演示、AI广告、AI游戏、AI教育和AI传媒6个方面，展示了AI文生视频在各领域的广泛应用。

本书在系统讲述AI文生视频理论及应用的同时，穿插了大量实践案例，内容十分丰富。无论是内容创作者、行业分析师，还是普通读者，都能从中获得启发。

图书在版编目（CIP）数据

AI文生视频 ：Sora引领内容变革浪潮 / 徐鹏，常亮著.
北京 ：清华大学出版社，2024. 11. --（新时代·科技新物种）.
ISBN 978-7-302-67545-7

Ⅰ. TP18

中国国家版本馆CIP数据核字第20246X9A13号

责任编辑：刘 洋
封面设计：徐 超
版式设计：张 姿
责任校对：宋玉莲
责任印制：宋 林

出版发行：清华大学出版社
网 址：https://www.tup.com.cn，https://www.wqxuetang.com
地 址：北京清华大学学研大厦A座 **邮 编：**100084
社 总 机：010-83470000 **邮 购：**010-62786544
投稿与读者服务：010-62776969, c-service@tup.tsinghua.edu.cn
质 量 反 馈：010-62772015, zhiliang@tup.tsinghua.edu.cn
印 装 者：北京联兴盛业印刷股份有限公司
经 销：全国新华书店
开 本：170mm×240mm **印 张：**14 **字 数：**207千字
版 次：2024年12月第1版 **印 次：**2024年12月第1次印刷
定 价：79.00元

产品编号：107823-01

前　言 PREFACE

随着 AI 技术不断进步，文生视频逐渐凸显其关键作用。随着文字、图片生成技术逐渐成熟，文生视频成为多模态能力拓展的重要一环。

最早的多模态生成技术之一是文生图技术。该技术运用自然语言处理方法解析文本内容，然后借助计算机视觉技术生成相应图像。

随着深度学习技术不断发展，文生视频技术逐渐崭露头角。然而，相较于文生图技术，文生视频技术所面临的挑战更为严峻。视频数据的处理过程对计算能力提出了更高要求，而且目前可用于文生视频训练的多元数据集相对匮乏，标注工作也具有一定困难。

2024 年 2 月，OpenAI 首度推出文本生成视频模型 Sora。该模型能够依据简洁的文字，高效生成 60 秒的视频，且生成的视频具备卓越的画质、连贯的情节，富有创新性与个性化。这一模型的诞生，象征着 AI 技术在视频制作领域实现了重大突破，为内容创作者及广告行业带来了前所未有的变革。

本书首先从 AI 文生视频工具入手，拆解了 Sora、Pika、Runway 等当下具有代表性的 AI 文生视频产品，深入探讨这些产品的技术原理、应用场景以及潜在挑战。其次，从视频创作角度入手，对视频创作各环节进行拆解，深入剖析其内在逻辑与技巧。Sora 对这些环节赋能，使得创作者能够更高效地完成视频创作，提高了创作的品质与效率。同时，本书也详细解读了 Sora 在视频创作中的实际应用案例，为创作者提供了宝贵的经验参考。最后，从 AI 文生视频的应用落地入手，探索 AI 文生视频如何为广告、游戏、教育等领域赋能，探讨其如何重新定义视听体验，激发创作者的无限想象力，以及给观众带来的全新感官体验。

本书不仅讲解了 AI 文生视频的相关理论、创作方法以及相关应用，还融入大量实践案例，通过对具体案例的剖析让读者更加深入地了解 AI 文生视频技术。

在这个充满变革的时代，AI 文生视频技术成为内容创作的新引擎。而 Sora 作为这场变革的引领者，实现了 AI 技术与创意的完美融合，降低了视频创作门槛，给创作者带来全新创新体验。希望本书能够帮助读者对 AI 文生视频技术建立全面认识，激发创作灵感，引领新一轮内容变革浪潮。

目 录 CONTENTS

01 上篇

揭秘 AI 文生视频工具

02 中篇

掌握 AI 文生视频创作

03 下篇

加速 AI 文生视频应用

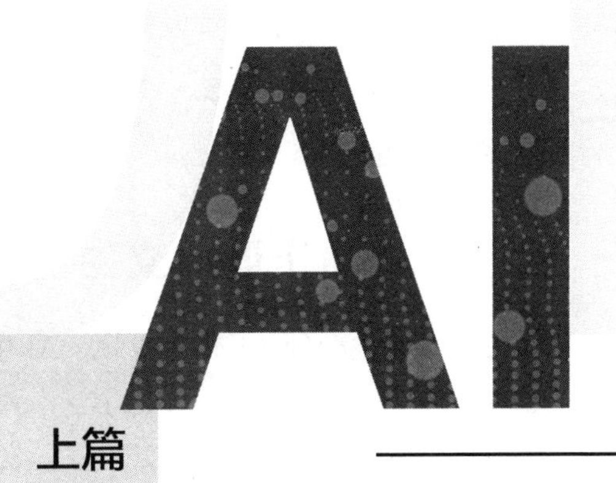

上篇

揭秘 AI 文生视频工具

第1章 AI文生视频：智能创作汹涌而来

随着 AI 机构 OpenAI 发布 Sora 大模型，AI 文生视频领域获得用户广泛关注。对于这个全新领域，许多用户期待其能够带来更多的创作可能，推动智能创作不断发展。

1.1 认知：走近AI文生视频

从 AI 文生图到 AI 文生视频，AI 生成领域取得了一大进步。在 AI 生成领域崛起的当下，许多用户对于 AI 文生视频软件不甚了解。下文将会从文生图到文生视频的变迁、AI 文生视频的能力和技术支撑等方面进行介绍，帮助用户走近 AI 文生视频。

1.1.1 升级：从文生图到文生视频

短短几年内，AI 生成领域获得了很大发展，多种 AI 生成应用相继诞生，从文生文、文生图到文生视频，行业热潮不断涌现。AI 生成领域从文字升级到视频是大势所趋，许多大型科技企业已经入场。

字节跳动推出了文生视频大模型 PixelDance；阿里推出了名为 Animate Anyone 的模型；百度则推出了文心大模型，并配备了丰富的功能。种种迹象表明，从 AI 文生图到 AI 文生视频，AI 与文本、视频等的结合已经成为全新风潮，而各类企业如此积极地布局，其意义也不言而喻。

（1）文生视频应用范围广，发展潜力大。随着各类短视频的爆火，短视频生产能力逐渐开始跟不上需求。AI 文生视频软件的出现能够弥补这一缺陷，满足用户对短视频的需求。例如，在游戏、影视等行业，AI 文生视频软件能够根据用户输入的文字生成对应的故事情节，实现短视频制作的降本增效。

（2）AI文生视频软件操作相对便利。用户制作精良的视频需要高超的技术、高昂的成本，AI文生视频软件能够降低视频生成的难度，用户仅需输入文字便可生成相应的素材，便于进行视频制作。

（3）AI文生视频软件能够增强企业竞争力。在AIGC领域，AI文生图应用有许多，但是由于AI文生视频应用开发难度高，能够推出该软件的企业屈指可数。高难度往往伴随着高价值，如果企业能够推出优质的AI文生视频软件，便可以增强自身竞争力，拥有差异化的优势。

随着AI行业和视频行业的发展，AI视频行业也会得到发展，AI文生视频将会迎来爆发期，吸引越来越多的企业和个人用户参与创作。虽然目前来看，国内文生视频技术研发和应用进展缓慢，还没有一款出众的产品出现，但是许多人才、有实力的企业已经出现，未来必将获得更快的发展。

1.1.2 AI文生视频究竟有多“牛”

伴随着Sora的发布，AI文生视频领域吸引了众多目光。许多用户发出了疑问：AI文生视频究竟有多“牛”？AI文生视频指的是用户输入文字，AI便可以根据文字生成细节丰富、十分逼真的视频。AI文生视频能够应用于多个场景，如图1-1所示。

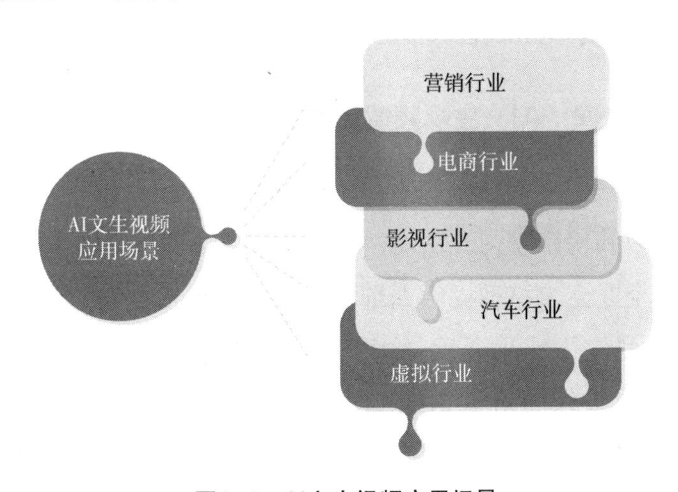

图1-1 AI文生视频应用场景

（1）营销行业。AI 文生视频技术能够将文字转化为视频，助力企业营销。企业可以利用文生视频技术创作吸引人的广告、产品演示视频或教育性内容，以吸引潜在客户。

（2）电商行业。商家可以利用 AI 文生视频技术生成商品展示视频，视频比图片更直观，能够帮助用户更好地了解产品。

（3）影视行业。AI 文生视频技术能够应用于影视行业，自动生成角色、特效等，有效简化影视制作流程。

（4）汽车行业。AI 文生视频技术能够对场景进行深刻理解，为自动驾驶汽车的场景感知和决策提供支持，实现自动驾驶的优化。

（5）虚拟行业。AI 文生视频技术能够生成高度逼真的虚拟数字人。这些数字人能够应用于多个领域，为用户带来更加优质的体验。

除了能够应用于丰富的场景，AI 文生视频的"牛"还体现在其背后的技术。AI 文生视频技术拥有强大的计算资源和算法支持。企业利用深度学习算法对大量视频数据进行训练，使算法能够从这些丰富的视频数据中提取视觉信息，挖掘动态规律。

经过漫长的训练，算法能够学会生成连贯的视频帧、模拟物理世界的场景等。算法在经过多重优化和参数调整后，能够生成逼真的场景。

无论在技术方面还是应用场景方面，AI 文生视频都为用户带来了许多惊喜，使用户看到了 AI 的巨大潜力，并对 AI 未来发展充满期待。

1.1.3 技术支撑：AI文生视频背后的技术

AI 文生视频离不开技术的支持。AI 文生视频的工作原理是利用模型进行生成学习和提示学习，从而对用户的文字产生准确的理解并生成相应的内容。企业会为模型提供大量训练数据，包括图像数据集和视频数据集。AI 模型往往使用深度学习技术，包括 CNN（Convolutional Neural Network，卷积神经网络）、RNN（Recurrent Neural Network，循环神经网络）等对训练数据进行学习。在训练完模型后，用户输入文本便可以获得视频。

AI 文生视频模型训练方法众多，比较常用的有自监督学习、半监督学习和无监督学习，企业可以根据模型的具体应用场景选择相应的训练方法。以下是 AI 文生视频技术经历的几个发展阶段，如图 1-2 所示。

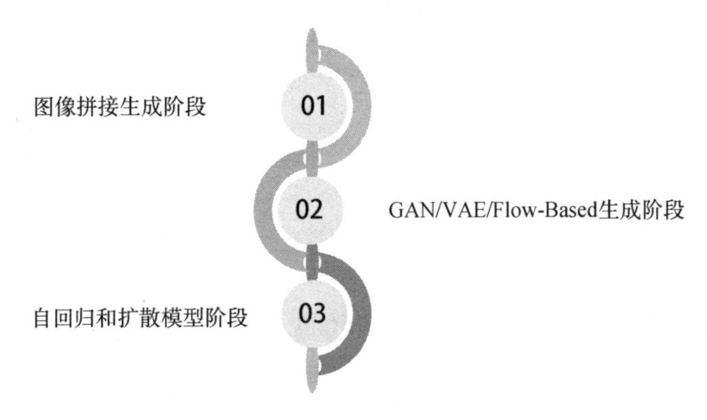

图1-2　AI文生视频技术经历的发展阶段

（1）图像拼接生成阶段。图像拼接指的是将许多张具有重叠部分的图像组合成一个整体，其代表了 3D 场景的一部分。拼接是场景重建中的一类特殊情况，其中的图像能够通过平面单应性进行关联。图像拼接技术能够应用于运动检测和跟踪、提高分辨率、压缩视频等方面，在机器视觉领域发挥了很大作用。

（2）GAN/VAE/Flow-Based 生成阶段。伴随着机器学习技术不断发展，GAN（Generative Adversarial Networks，生成对抗网络）、VAE（Variational Auto-Encoder，变分自编码器）以及 Flow-Based（基于流）逐渐得到广泛应用。这些技术的发展主要聚焦于优化模型训练与生成策略，以实现更为高效、精确的视频生成。

鉴于直接对视频进行建模的复杂性较高，部分模型通过分解前景与背景、运动与内容等方法生成视频，或基于图像翻译优化生成效果，旨在增强连续帧间过渡的流畅性。然而，在总体表现方面，所生成视频的质量仍不能尽如人意，难以投入实际应用。

（3）自回归和扩散模型阶段。近年来，Transformer 和 Stable Diffusion 模型在语言生成与图像生成领域成功应用，使得基于自回归模型和扩散模型的视频生成架构逐渐成为主流。自回归模型能够根据前述帧预测下一帧，从而使得视频呈现较为连贯自然的效果。然而，该方法在生成效率方面存在局限，且错误易于累积。

扩散模型能够利用添加噪声和反向降噪技术实现图像生成。该模型通过构建马尔科夫链来定义扩散过程，并逐步向数据引入随机噪声，直至获得近似高斯噪声数据。

接下来，模型对逆扩散过程进行学习，利用反向降噪推断方法生成图像，并通过系统对数据分布进行扰动并恢复，以实现整个过程的优化。

1.1.4 扔一部小说出一部大片是真的吗

背靠业内知名 AI 机构 OpenAI，Sora 拥有行业领先的视频生成技术，能够生成画质清晰、镜头复杂、人物众多且时长达 60 秒的视频。据 OpenAI 透露，Sora 不仅能够理解用户输入的文字，还能够理解文字中的事物在物理世界中是如何存在的。虽然目前 Sora 生成的视频时长有限，但其出现无疑表明了一种趋势：在不远的将来，扔进一部小说便能生成一部大片将成为现实。

除了生成的画面更符合物理世界的规律，Sora 还能够使视频画面的主题始终保持一致，即便画面主体离开视野，画面也不会发生变化。基于这样的技术，如果能够将多个 1 分钟的视频连接起来，那么扔一部小说出一部大片就能成为现实。

在用户惊叹于 Sora 的强大能力的同时，也出现了一些担忧的声音。例如，Sora 能够一键生成高质量视频，那么影视行业从业者该何去何从？

清华大学教授沈阳曾经表示，Sora 将会对影视行业产生巨大影响，其能够降低视频制作成本，对许多影视行业从业者造成冲击。而 360 董事长周鸿祎则认为，AI 并不会快速颠覆所有行业，反而可能激发更多从业者的创造力。

总之，Sora的出现颠覆了AI领域，也为用户的生活带来了更多便利。虽然它的出现会对一些行业造成冲击，但更大的可能性是推动行业重新洗牌、持续进步。

1.2 发展格局：机遇与挑战并存

尽管 AI 文生模型有诸多优点，展现出巨大的发展潜力，许多企业想投资入局，但是其隐藏的风险也是不容忽视的，需要企业仔细辨别。企业需要规避侵权风险，迎接智能创作时代。

1.2.1 侵权风险引发担忧

AI 生成的视频引发了内容创作领域的变革，但也带来了隐性的版权及知识产权难题。2024 年 4 月，备受关注的“人工智能文生视频侵权首案”经北京互联网法院审核立案。陈某作为原告，指控对方侵犯其著作权，原因是对方未经许可，擅自剽窃其运用 AI 技术创作出的文生视频作品，并以原创名义发表。

此案引发了社会各界对 AI 生成视频侵权风险的广泛关注。随着 AI 技术的飞速发展，如何判断和处理生成式 AI 作品的著作权问题，对 AI 产业乃至整个社会创作生态的发展具有重要影响。参考近年来全球相关判例可知，判断 AI 生成的内容是否具备人类独创性，成为确定此类内容是否享有著作权的关键因素。完全由人工智能自主生成且缺乏人类独创性的内容，通常被认为不享有著作权。

2023 年，美国法院作出裁决，确定画作《离天堂最近的入口》不受著作权法保护。法庭判定该作品全然由 AI 创作而成，并未包含人类创造性劳动，故而无法享有著作权。法官指出，现行著作权法面临新的挑战，对于人类在 AI 创作过程中的角色，有必要予以进一步明确。

尽管 Sora 尚未正式商用，但部分业内专家已关注到其潜在的安全漏洞及遭受滥用的可能性。OpenAI 坦诚指出，Sora 在生成虚假及有害内容方面存在风险。

这也是当前好莱坞难以直接采纳 Sora 技术的一个重要因素。将 AI 生成的素材用于影视创作或引发版权纠纷，即便 AI 仅用于训练相关素材，也可能蕴藏潜在的侵权风险。Sora 作为创作辅助工具所生成视频的版权是否受到保护，以及训练素材是否承担侵权责任等问题，皆可能使制片方在担忧卷入法律纠纷的情况下持有审慎立场。

尽管 Sora 等具备 AI 生成能力的产品在诸多方面尚需完善，但其对 AI 领域的贡献不容忽视。Sora 的诞生激发了众多 AI 从业者和科技企业的高度热情，大家共同期待并推动新时代到来。

1.2.2 各方如何迎接智能时代

AI 生成视频技术的出现使得生成式 AI 领域获得快速发展，无论企业还是个人，都应当积极调整自身，迎接这一科技变革。

企业能够在各类大模型的帮助下完成多种通用业务，提高业务效率和自身价值。

随着云服务的完善、算力的提升以及 ChatGPT、Sora 等大模型的出现，中小型企业能够在节约基础设施建设和模型训练费用的情况下，使用优质的生成式 AI。随着 AI 技术的不断发展，AI 技术的竞争优势可能会下降，企业更应该关注生成式 AI 的应用场景，最大限度地发挥其业务价值，提高自身竞争力。企业可以利用生成式 AI，从以下几方面提升自身能力，改变竞争格局，如图 1–3 所示。

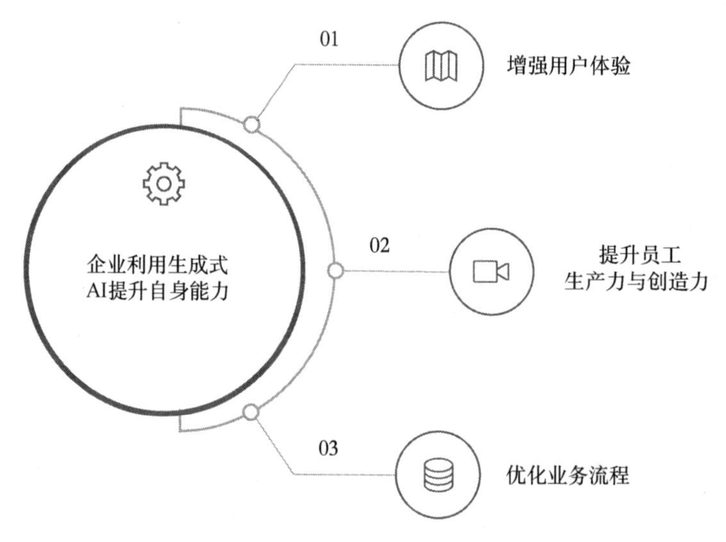

图1-3　企业利用生成式AI提升自身能力的3个方面

（1）增强用户体验。企业能够利用生成式AI的内容生成能力增强用户体验。例如，客户关系管理软件企业Salesforce推出了一个以AI为基础的CRM（Customer Relationship Management，客户关系管理）软件——Einstein GPT。Einstein GPT能够辅助员工工作：帮助销售人员生成个性化的销售邮件来维系用户；帮助服务人员生成合适的回复信息，快速回答用户问题等；帮助营销人员策划营销活动，吸引更多用户。

（2）提升员工生产力与创造力。企业的知识往往利用非结构化方式储存，利用新兴技术能够更好地存储数据和发挥数据价值。

例如，科技企业西门子与亚马逊云科技展开合作，利用AI技术打造智能数据库，发挥数据价值。亚马逊云科技在深入分析西门子的需求后，提出了智能知识库暨智能会话机器人解决方案，以最大限度发挥知识库的功能。

在亚马逊云科技的帮助下，智能会话机器人"小禹"和智能知识库诞生。与其他机器人相比，小禹回答问题的速度和精准度有所提升。智能知识库上线首周，便有超过4 000名用户使用，许多问题获得了解答。在生成式AI的帮助下，员工能够减少许多基础工作，将精力放在提升自身生产力和创造力上，为用户提供更好的服务。

（3）优化业务流程。众多企业在BI（Business Intelligence，商业智能）领域投入大量资源，却难以利用数据驱动的洞见来指导业务决策。随着大模型和生成式AI的涌现，BI逐渐实现真正的智能化。在先进技术助力下，任何用户都能通过自然语言轻松提出与数据相关的问题，从而更加高效地进行数据分析与决策。

例如，亚马逊通过Amazon Bedrock平台，将生成式AI技术整合至商业智能工具Amazon QuickSight，从而使业务分析师能够通过自然语言提问的方式进行数据分析。在此基础上，Amazon QuickSight能够生成完善的数据报表，执行复杂的统计计算，从而大幅提升公司对业务数据的洞察能力。

总之，AI的迅猛发展正引领我们步入一个崭新的时代。在这个时代背景下，企业应抓住机遇，积极提升内部运营效率，以实现持续发展。

第2章 Sora：AI文生视频发展中坚力量

OpenAI在推出现象级大语言模型ChatGPT引爆AI领域后，又推出了文生视频大模型Sora。Sora生成的视频在时长、画面等多个方面超越了现有文生视频大模型，为AI领域带来了颠覆性的变革力量，获得了众多企业的关注。

2.1 价值分析：Sora的巨大魅力

仅仅利用一段文字便可以生成长达60秒的逼真视频，Sora凭借超强的生成能力引起社会轰动，成为时代新风口。为了增加用户对Sora的了解，下文将会从多方面对Sora进行介绍。

2.1.1 Sora究竟有什么功能

Sora刚刚诞生时，整个内容创作领域为之震惊，有专家惊呼“真实世界也许不再存在”。OpenAI自称Sora是“物理世界模拟器”，马斯克承认“Sora让我愿赌服输”，前阿里巴巴VP贾扬清评价“Sora真的非常牛”，周鸿祎表示“通用AI原本要10年才能实现，但Sora出现后，也许只要两三年就可以实现了”，英伟达AI代理负责人Jim Fan认为Sora代表了AI文本生成视频的GPT-3时代……

的确，Sora非常强大。当很多同类软件还在想方设法地解决视频的连贯性问题时，Sora的功能已经远超AI文生视频。它背后的团队有更远大的目标和更高的追求，这也决定了它的功能绝对不会那么简单，如图2-1所示。

图2-1 Sora功能大盘点

1. 生成单张图片

AI 文生视频是从 AI 文生图升级而来的，所以生成单张图片对 Sora 来说是一个微不足道的功能。不过与其他软件相比，Sora 生成的图片更有艺术感，清晰度也更有保证。如果你想在 Sora 上制作图片，只要输入文案就可以。例如，你在 Sora 上输入“一个雪山下的美丽村庄，背景是北极光，清晰度和效果对标高细节和逼真的数码单反相机”，就能得到一张符合要求的图片。

2. 视频编辑

有了 Sora，你可以很轻松地让视频变成你喜欢的风格。例如，原始视频是一辆红色的汽车在马路上行驶，你可以通过 Sora 让这辆汽车在水下行驶。你甚至可以把这辆车变成一辆老式轿车，让它在 1920 年的街道上行驶。整个视频编辑过程既轻松又迅速，颠覆你对 AI 文生视频的想象。

这项功能意味着什么？意味着有了 Sora，动画片只要一段文案，就可以变成真人电影。相应地，真人电影也可以通过一段文案变成动画片。可以想象，这项功能将为影视公司节约很多预算。例如，对于那些不能出镜的劣迹艺人，影视公司可以在 Sora 的帮助下，只用一段文案就把他们的脸替换掉，从而避免重新拍摄、更换演员等诸多麻烦。

3. 视频拓展

Sora 可以将视频向前或向后拓展，而且拓展前后的视频是无缝连接的。换言之，如果你想通过视频讲故事，那么只要有一个开头或高潮或结尾，就可以无限循环利用，由 Sora 自由发挥，把故事讲完。这样比你自己在视频中构思一个完整的故事要省时省力很多。

4. 视频无缝连接

Sora 可以将两个不同的视频连接在一起。具体来说，Sora 会在两个视频之间逐渐插帧，而且即使这两个视频的主题和场景完全不同，Sora 也能保证它们之间的连接是无缝、顺滑、没有违和感的。

5. 模拟动态相机

Sora 可以生成和动态相机运动轨迹一致或相似的视频。在现实中，随着相机的移动和旋转，人、物、建筑、街道等也会一起移动和旋转。有了 Sora 之后，你只要拿出一张图片，Sora 就可以根据之前的模型训练结果还原图片上的 3D 场景。

6. 物理世界模拟器

物理世界模拟器是 Sora 一个非常强大的功能。在该功能下，Sora 可以模拟那些对物理世界的状态产生影响的动作。例如，在画家绘画的视频中，Sora 可以让画家在画布上留下新笔触，并让画家的动作随着时间的推移而持续；在吃汉堡的视频中，Sora 可以在汉堡上留下咬痕……这些情况完全符合物理世界的逻辑，Sora 的强大能力得到充分证实。

之前，我们要通过技术模拟物理世界，必须在计算机上对现有的物理量进行表征和计算，而且还必须有各种引擎。随着 Sora 的出现，这种模拟方法可能会被颠覆。我们可能无须费心费力地计算物体落在哪里、物体的重力是多少、风的阻力是多少、地面的材料是什么、物体之间发生碰撞后会怎么样等，只要告诉 Sora 物体的下落过程，它就可以自己学习。

毫无疑问，Sora 令人震惊！它的出现让我们看到了 AI 在文生视频领域的巨大潜力和更多可能性，也让我们感受到了 AI 发展的迅速。在短短的时间内，AI 文生图片和 AI 图生视频已经升级为 AI 文生视频。这无疑是一个巨大的跨越，也意味着未来AI及其背后的诸多工具将更紧密地与我们的生活、工作相融合，为我们带来更多惊喜。

2.1.2 自动生成视频的时长可以达到60秒

Sora的发布，无疑为AI文生视频领域注入了新的活力。在Sora问世之前，Runway被誉为AI生成视频领域的佼佼者。Runway Gen-2模型不仅将生成视频的最大时长从4秒拓展至18秒，还解决了生成视频中帧与帧之间连贯性不足的问题。当业界普遍认为Runway的18秒视频已达到AI生成视频时长的上限时，OpenAI的Sora刷新了这一纪录。

Sora实现了AI生成视频时长的重大突破，将视频时长延长至60秒，还在视频内容的连贯性和自然性方面取得了显著进步，推动AI视频生成领域进入全新的发展阶段。Runway总裁因此在社交平台上发表了两个字："Game on"（比赛开始）。

本质上，Sora与市场上的AI视频生成模型在底层架构方面具有相似性——皆采用了Diffusion扩散模型，但是，Sora在实现逻辑上进行了创新，将U-Net架构替换为Transformer架构。

2.1.3 运动镜头也能很稳定

Sora的运动镜头表现稳定，根据OpenAI官方描述，Sora具备生成复杂场景的能力，其中包含多个角色、特定类型的动作以及精准的主体与背景细节。Sora不仅能理解用户在提示中提出的诉求，还能领会这些事物在现实世界中的表现形式。

当前，AI视频生成工具所生成的运动相当生硬，且运动幅度相对较小。然而，从Sora发布的镜头来看，Sora的运动已经非常接近真实自然的运动效果。

物体一致性、持久性和连续性是衡量AI模型对现实世界认知能力的关键参数。Sora在这方面的表现颇为亮眼，能够精确识别并维护物体的连续性和一致性。相比之下，其他模型在这方面的表现较为逊色，容易出现物体识别偏差或连续性中断的现象。

众多行业专家认为Sora具备世界模型的特性。世界模型指的是对现实世界进行建模，使得人工智能能够如同人类一般，对世界产生全面且精确的认知。这一特性有助于提高 AI 生成视频的流畅性和逻辑性，有效降低训练成本，提升训练效率。

2.1.4 蕴含极具价值的商业“DNA”

Sora 的诞生给 AI 领域和视频产业带来新挑战与新机遇。

在内容创作领域，Sora 为创作者提供无尽的创意空间，极大地拓展了他们的艺术想象力与创作可能性。传统的视频制作过程十分烦琐，耗时耗力，而 Sora 能够高效、精确地将文字描述转化为视频，极大地降低了创作难度，使更多人得以投身内容创作。这一变革必将推动内容创作市场繁荣，并为相关企业带来巨大的商业收益。

在虚拟现实领域，Sora 的应用有望为用户带来更好的沉浸式体验。通过将文本描述转化为三维场景，虚拟现实与增强现实技术能够呈现更为逼真的虚拟世界。这将推动虚拟现实与增强现实技术进步，进而拓展其在教育、医疗、娱乐等领域的应用范围。

除上述领域，Sora 也可以应用于制造业。以往汽车制造业的数据合成需依赖虚拟环境进行，拍摄视频成本较高，且受制于环境因素。

Sora 以其先进的技术和高效的工作流程，极大地简化了车企合成数据的过程，不再需要复杂的虚拟环境，而是能够直接处理实际场景的数据，从而避免了高昂的拍摄成本。同时，Sora 不受环境因素限制，无论是什么样的天气、光线还是场地条件，都能灵活应对，保证了数据的准确性和可靠性。

与此同时，各类企业也在不断研究 Sora，并推出了相关产品。例如，因赛集团致力于研发图文生成视频功能。在现有图生视频技术框架基础上，InsightGPT 具备生成 20 秒以上视频的能力。在现有的视频生成流程中，InsightGPT 通过对图像、视频大模型以及抠图等多样化算法的整合，进一步结合音频模型，经过整体渲染生成完整的视频。

再如，Sora 对于苹果产品的升级起到了积极的推动作用。苹果可以将 Sora 融入其 Mac 电脑中，以进一步强化图像处理和视频编辑等核心功能。借助 Sora 强大的图像和视频生成能力，Mac 电脑用户将能够更为高效地创作各类多媒体内容，获得更为丰富多样且充满创意的创作体验。

总之，Sora 的诞生有望为众多领域带来深刻变革，其商业价值还在不断提升，受到各方的广泛关注。

2.2 如何更好地应用Sora

Sora 作为一款先进的 AI 文生视频工具，展现出巨大的潜力。通过集成 AI 技术，Sora 不仅能够生成高质量的视频内容，还为用户提供了丰富的模板和素材库，极大地提升了创作效率。并且，Sora 还可以将历史故事栩栩如生地呈现在观众眼前，开启了全新的内容创作时代。

2.2.1 AI能为Sora做些什么

AI 技术在多个方面为 Sora 提供支持。从目前的视频表现来看，Sora 可能使用的核心 AI 技术有以下几项。

1. DiT

DiT 模型集成了诸多优秀组件，包括 VAE、ViT（Vision Transformer，视觉转换器）、DDPM（Denoising Diffusion Probabilistic Model，去噪扩散概率模型）等。VAE 确保生成的视频在时间上展现出连续性和一致性。ViT 使得 Sora 更具适应性，能够巧妙地处理各种不同的视频数据，甚至仅关注视频中的特定部分。DDPM 为 Sora 赋予高质量视频生成的启示与支持。

2. NaViT

NaViT 模型作为一种创新性的视觉转换器，具备处理各种分辨率和纵横比输入的能力，从而摆脱了传统上需将图像调整至固定分辨率的约束。此外，NaViT 模型具备跨任务应用的特性，能高效地迁移至图像与视频分类、对象检测、语义分割等典型视觉任务，并在这些任务中展现出卓越的性能。

3. SiT

SiT是在DiT基础上发展而来的，它提供了一种比DiT更加先进的方法，能够更灵活地连接两组不同的数据分布，从多个角度审视和优化基于动态传输的生成模型的设计。

这些技术的整合为Sora带来了更高的创作自由度和更大的创作空间，助力用户创作出更具吸引力的作品。

2.2.2 Sora操作流程与关键点

在开始使用Sora之前，用户首先需要了解其基本功能。Sora支持多种类型视频的生成，包括广告、宣传视频、教学视频等。同时，它还提供了丰富的模板和素材库，方便用户快速创作视频。

用户可以根据宣传需求和目标受众，选择合适的视频类型。例如，用户需要发布广告视频，可以选择Sora提供的广告视频模板；用户需要制作教学视频，可以选择教育类模板。模板可以帮助用户快速搭建视频框架，而素材库则提供了各种图片、视频片段和音乐等资源，方便用户丰富视频内容。

在选择好模板和素材后，用户可以开始编辑视频内容。Sora提供了简洁易用的编辑工具，用户可以对视频进行剪辑、添加文字、插入图片等操作。同时，Sora还支持音效处理和背景音乐添加等后期优化功能，使视频更加生动和吸引人。

Sora支持多种视频格式的导出，如MP4、AVI等，导出的视频可发布在宣传渠道，如社交媒体、官方网站等。同时，Sora还具有视频在线分享功能，方便用户将视频分享给更多的人。

在使用Sora时，用户需要注意以下关键点。

（1）明确需求。在使用Sora之前，用户需要明确自身需求。只有充分了解预期目标，才能更有效地发挥Sora的功能。

（2）合理规划。用户应做好视频结构规划和视频节奏把控。具体来说，用户需要设计好视频开头部分、高潮部分和结尾部分，使视频播放流畅、内容衔接自然。此外，用户要把控好视频节奏，使内容起伏变化自然，以提升视频观感，引起观众的情感共鸣。

（3）不断学习。Sora是一个持续演进的技术平台，会不断迭代新的功能和工具。对此，用户需不断汲取新知识、新技能，从而更加高效地使用Sora。

总之，用户应了解Sora的基本概念、操作流程、关键点，关注其未来发展并持续学习，从而更好地驾驭它，获取更大的便利。

2.2.3 实例：在Sora上还原历史故事

2024年2月，由中央广播电视总台制作的第一部AI文生动画片《千秋诗颂》（如图2–2所示）正式上线，获得了不俗的收视率。随后,《千秋诗颂》英文版在环球电视网发布，同样反响热烈，引起广泛关注和讨论。

图2–2 《千秋诗颂》

《千秋诗颂》以“央视听媒体大模型”、生成式AI为基础，采用AI可控图像生成、人物动态生成、AI文生视频等新技术，将语文教材中的古诗词制作成唯美的动画片，其传统的水墨画风格高度契合了我国大众的审美。

在《千秋诗颂》中，AI不仅精准还原了传统绘画的韵味和文化底蕴，还对一些比较重要的场景进行了创新，为观众打造了极致的视觉效果，充分体现了诗词之美。

随着《千秋诗颂》的走红和爆火，其抛砖引玉的引领意义也越来越明显：通过 AI 文生视频软件还原历史故事有了实现的可能。Sora 作为当之无愧的 AI 文生视频领军者，有义务承担还原历史故事的责任。

而且，根据 OpenAI 发布的 Sora 演示视频可以知道，通过 Sora 创作出来的历史故事，视觉效果非常震撼，甚至创作周期也大大缩短（从半年缩短至一个星期）。可以说，有了 Sora，那些遥不可及、无法重现的历史故事都能"跃然屏上"了。

Sora 首批应用者小白（化名）从《西游记》这一历史名著中提炼关键词、文本指令、静态图片等，通过 Sora 生成了 1 分钟左右的视频。视频质量很高，并且具有极佳的视觉体验，甚至还包含了一些细致、复杂的场景，生动的角色表情，以及流畅的运动镜头。

通过 Sora 创作《西游记》，第一步是构思。小白要梳理从石猴出世到取经成功的整个过程，明确其中有多少个分镜、多少个画面。构思这个环节要有极大的"脑洞"，而 ChatGPT 可以帮助小白分析《西游记》的文字内容并规划一些分镜方案。小白只要从中找到合适的分镜，再通过 Sora 把想要的画面呈现出来并让画面动起来就可以。

接下来小白就会进行后期工作了。在后期制作环节，小白要想好台词，然后使用 AI 配音功能、变声器等为视频配音。在剪辑时，小白可以直接使用 Sora 来完成转场、添加特效等相关工作，并为视频配上合适的 BGM（背景音乐）。这样，一部由 Sora 制作的《西游记》就诞生了。

Sora 版《西游记》有极高的识别度和极强的科技感。视频中，宫殿依山而建，错落有致，闪闪发光，给观众一种神秘、庄严的感觉；花果山被树木包围着，旁边有瀑布、石桥，就像一个奇妙的世外桃源；孙悟空穿着红色衣服在湖上泛舟……如图 2-3 所示。

小白为广大创作者开辟了 Sora 创作道路。未来，丝绸之路、龙生九子等历史故事都可以通过视频方式呈现出来，不但创作周期大幅缩短，而且视频的质量和画面呈现效果也会很好。

图2-3 Sora版《西游记》的画面

Sora 版《西游记》的诞生让我们知道，Sora 时代，以小白为代表的创作者会以更低的成本和更快的速度把创意转化为作品，观众也将享受到更丰富、更多样化、更有沉浸感的视觉体验。在 Sora 生成的视频中，各元素有很高的协同度，分镜、运动拍摄、远近场景切换等也比 ChatGPT 等大模型更具优势，这会进一步推动 AI 文生视频的发展和应用。

当然，由 Sora 创作的视频也并非十全十美。在空间细节处理、模拟复杂场景中的物理现象等方面，Sora 的能力有限。但正所谓“瑕不掩瑜”，之前很多被认为无法实现的事或无法解决的困难，现在可以通过 Sora 实现和解决，未来 Sora 将在更多领域发挥更重要的作用和价值。

2.3 全链路下的产业生态

Sora 作为一款先进的视频生成工具，凭借其在 AI 领域的创新应用，不仅为用户带来了前所未有的视频内容创作体验，还对上游的 AI 服务器、AI 芯片和光通信行业产生了深远影响。中游企业专注于大模型研发，推动技术不断进步，而下游企业则致力于 Sora 的商业化落地，将先进技术转化为实际应用，服务于视频编辑、内容分发、智能推荐和版权保护等多个领域。

2.3.1 上游要重视Sora相关技术

Sora 利用 AI 技术为用户提供创新的视频内容创作功能，同时推动 AI 服务器、AI 芯片和光通信等上游行业的发展。

1. AI 服务器

AI服务器是专为人工智能计算而设计的高性能服务器。此类服务器具备卓越的计算、存储能力和丰富的网络资源，非常适合处理大规模数据和进行复杂模型训练。

鉴于计算资源的庞大需求，服务器的处理器正逐步从单一的 CPU（Central Processing Unit，中央处理器）模式转变为 CPU+ 架构的混合模式。在此架构中，CPU 依然扮演着数据处理核心模块的角色，而并行式计算加速部件则专门负责人工智能计算负载加速任务，以此提升整体计算效率。

GPU（Graphics Processing Unit，图形处理器）等 AI 算力芯片显著提升了服务器算力，从而满足了人工智能发展的需求，推动了 ChatGPT、Sora 等大模型的进步。

2. AI 芯片

随着大模型的发展，其对核心要素 AI 芯片的需求日益增长，导致 AI 芯片供不应求的现象越发严重。因此，产业链上的企业纷纷加大对 AI 芯片的投入力度，无论是传统的芯片制造商还是互联网公司，纷纷制定新的发展规划。

如今，谷歌、微软、亚马逊、Meta 等业界领导者已成功研发并推出了各自的 AI 芯片。其中，谷歌的 TPU、亚马逊的训练芯片 Trainium 以及推理芯片 Inferentia 为典型代表。

3. 光通信

Sora 等视频生成工具产生大量数据，对高速度、高带宽的数据传输提出了更高要求，从而促进了光通信技术的发展。

通过推动这些上游行业发展，Sora 不仅为用户提供了强大的视频生成工具，还促进了整个技术生态系统的进步和创新。这种相互促进的关系有助于推动 AI 技术在各个领域的应用和发展。

2.3.2 中游要以大模型开发为核心

大模型作为 Sora 产业链的核心环节，受到各大企业的广泛关注。天幕、天工 SkyAgents 等大模型，为深度学习的发展及应用提供了丰富的资源与技术支持，推动了 AI 技术持续发展。

中游企业以大模型开发为核心，在 Sora 产业链中扮演着至关重要的角色。这些企业通常专注于大模型研发、训练和优化，是连接上游基础设施供应商和下游应用开发商的桥梁。

例如，万兴科技推出的天幕大模型，成功构建了以大模型架构为基础的 AIGC 平台，全方位助力创作者，引领大模型迈入 2.0 阶段。该模型立足于音视频生成式 AI 技术，具备多元语言兼容能力，致力于推动音视频创作闭环解决方案的完善，已实现规模化商业应用。

再如，昆仑万维推出了天工 SkyAgents 平台，这是一个基于大模型的 AI 应用平台，旨在为企业和开发者提供强大的 AI 能力。通过这个平台，用户可以轻松地构建、训练和部署各种类型的 AI 模型，包括但不限于自然语言处理模型、计算机视觉模型等。此外，平台还提供了丰富的 API（Application Programming Interface，应用程序编程接口）和 SDK（Software Development Kit，软件开发工具包），方便开发者将 AI 能力集成到自己的应用中。

中游企业在 Sora 产业链中的成功，不仅取决于其技术实力，还包括对市场需求的敏锐洞察、对行业趋势的准确判断，以及与上下游企业的有效合作。随着 AI 技术的不断成熟和应用范围的逐步扩大，中游企业在 Sora 产业链中的地位将更加重要。

2.3.3 下游要加速Sora商业化落地

Sora 在各领域呈现出广阔的应用前景。在此基础上，产业链中涌现出一批致力于推动 Sora 商业化应用的企业。在内容创作与生产、游戏等领域，

Sora 将为企业创造更多的商业机会和价值。

首先，在内容创作与生产领域，Sora 具有广阔的应用前景和深远的影响力。知识产权公司拥有的知识产权形式主要包括文字、卡通人物形象等。通过采用文生视频模型，Sora 应用公司能够迅速生产出终端视频，从而极大地拓展业务范围，提升运营效率。

鉴于 Sora 模型的易用性，文生视频技术在海外市场应用前景广阔。Sora 卓越的视频生成能力将为 IP 版权、广告营销等企业提供强有力的支持，协助它们迅速制作符合国际标准的视频内容，吸引海外用户，实现海外业务拓展，提升业绩。

其次，在游戏领域，Sora 具备生成游戏场景的能力，能够以高度保真的方式渲染环境，甚至模拟玩家操控游戏的过程。Sora 有望降低游戏宣传视频的制作成本，丰富游戏剧情的展现与表达。

文生视频技术应用于注重内容和交互的游戏，可为用户提供更好的情感体验，进而提升用户满意度。

Sora 产业链下游还聚集了智能推荐系统提供商。在繁多的视频内容中，用户时常面临选择困难。智能推荐系统能根据用户偏好与行为，为其提供更为精准且个性化的视频内容。这些企业通过运用 AI 技术对用户行为数据进行深度分析和挖掘，持续优化推荐算法，以提升用户体验。

随着 Sora 的持续发展，诸多企业将继续致力于创新与完善自身服务，进而推动整个 Sora 产业链迈向更为繁荣与成熟的阶段。

2.4 Sora商业场景汇总

Sora 降低了视频制作的门槛，引领影视、零售、旅游、医疗等领域进入全新的发展阶段。通过高效的内容生成、精准的营销策略、丰富的用户体验以及专业的医疗辅助，Sora 不仅提升了行业效率，还推动了社会革新。

2.4.1 Sora+影视：创作门槛更低

无论是短视频、微电影还是长片，都能够以生动、形象的方式传递信息，触动观众的心灵。然而，视频创作是一个技术门槛较高的领域，需要专业的设备、技术和知识。随着 Sora 的出现，视频创作门槛大幅降低，更多的人能够参与到视频创作中。如今，短视频已经成为全民娱乐方式，上到头发花白的老人，下到幼儿园的孩子，几乎都会拍视频、发视频。

在过去，视频创作往往需要大量的专业知识，如摄影、剪辑、特效等。此外，昂贵的专业设备也是一道难以逾越的门槛，让许多人望而却步。但 Sora 的出现，彻底改变了这一现状。

Sora 能够利用先进的算法和大量的数据，为用户提供一站式的视频创作解决方案。Sora 只需要一段描述性的文字即可自动生成一段长达 60 秒的高度逼真视频。想象一下，你只需在脑海中构思一个场景、一个情节或者一个故事，然后将其以文字形式描述出来，Sora 就可以接管剩下的工作，根据你提供的文字描述，自动分析场景、情感、动作等要素，并运用其强大的生成能力，将这些要素巧妙地融合在一起，生成一段连贯、生动的视频。

无论是初学者还是专业人士，都可以通过 Sora，将自己的创意和想法迅速转化为生动、有趣的视频，并分享给更多的人。

不仅如此，Sora 还为用户提供了丰富的创作资源和工具。用户可以在 Sora 中找到各种风格的模板、特效和音效，为自己的视频增色添彩。同时，Sora 还提供智能剪辑、语音转文字等实用功能，帮助用户更加高效地完成视频创作。

此外，Sora 还具有强大的学习和优化能力。通过不断学习和优化，Sora 能够持续提升性能，为用户提供更加优质的服务。这意味着，随着时间的推移，用户将能够享受到更加高效、便捷的视频创作体验。

2024 年 6 月，Sora 生成的影片在备受瞩目的翠贝卡电影节上亮相，这是生成式 AI 发展史上又一个具有深远意义的里程碑。

总的来说，Sora 的出现使得视频创作门槛变得更低。它不仅提供了智能化的拍摄、剪辑和特效功能，还能够帮助用户更加高效地创作出优秀的视频作品。随着 AI 技术不断完善和发展，相信未来 Sora 将为视频创作带来更多的可能性和创新。

2.4.2 Sora+零售：推广模式更前卫

Sora 能够助力零售企业制定更为激进且富有创新性的推广策略，为零售行业带来了崭新的机遇。

在效率方面，传统视频制作周期较长、成本较高，给零售企业带来较大负担。运用 Sora 的视频生成功能，零售企业可实现各类广告内容自动生成，从而降低人力成本和时间投入，提升广告发布效率。这使得零售企业能够将更多精力集中于创新和策略制定，而非烦琐的视频制作。

在营销方面，零售企业可以利用 Sora 生成个性化视频内容，根据用户偏好和行为推荐相关产品，提升用户购买转化率。而且，Sora 生成的定向广告视频，能够精准定位目标受众，提高广告投放效果和 ROI（Return on Investment，投资回报率）。企业可以通过对视频数据的分析了解用户喜好，优化营销策略，提升广告效果和销售业绩。

在用户体验方面，Sora 能够实现形象生动的产品展示，提升用户对产品的认知与信任度。企业可以利用 Sora 创建虚拟试衣间，让顾客在线试穿服装，提升其购物体验和满意度；通过 Sora 与客户实现实时视频互动，提供在线咨询与客服支持，增强客户与品牌的互动，提升客户忠诚度。

利用 Sora 这一视频生成工具，零售企业可以实现效率提升、精准营销和客户体验升级，实现更多创新，构建竞争优势，提升品牌影响力和客户满意度。未来，Sora 将为零售企业带来更多机会和发展空间，推动零售行业向数字化、智能化方向迈进。

2.4.3 Sora+旅游：旅游有了新标签

Sora 能够与旅游行业结合，实现内容自动化生成和优化，提高内容的质量和创作效率。景区运营人员不但可以利用 Sora 自动生成景点推广视频，吸引各地的游客，还能够根据游客的偏好，制作出有针对性的游玩攻略视频。

1. Sora 自动生成景点推广短片

具有吸引力的宣传视频无疑会帮助景区吸引更多游客，提高景区的知名度。传统的景点推广短片制作往往需要耗费大量人力和时间，从策划、拍摄到后期制作，每个环节都需要专业人士参与。

基于深度学习和自然语言处理技术的 Sora 能够自动完成这些烦琐的工作。用户只需提供景点的相关描述和图片资料，Sora 就能够将这些信息迅速转化为生动、有趣的景点推广短片。

Sora 可以模拟各种美丽的自然景观。根据用户输入的相关参数和数据，Sora 可以生成具有高度真实感的山水、森林、湖泊等自然景观，让游客感觉仿佛置身其中。这可以为用户提供更加丰富的视觉体验，帮助那些地理位置偏远或自然环境恶劣的景区吸引更多游客。

尽管 Sora 在景点推广短片创作方面有出色的表现，但是我们要注意自动生成的内容与观众之间的情感连接。在 Sora 创作基础上，创作者可以参与视频的后期编辑润色工作，以确保短片与观众之间可以建立情感连接。

2. 挖掘游客偏好，创作游玩攻略

Sora 可以通过大数据分析明确游客的个性化需求，了解游客的兴趣爱好、旅行习惯以及预算范围。无论是喜欢历史文化还是自然风光，无论是追求奢华体验还是经济实惠，Sora 都能为游客提供量身定制的游玩建议。

例如，一位游客对自然风光和户外运动情有独钟，Sora 可能会推荐他前往云南大理。在视频中，Sora 会详细介绍大理的苍山洱海等风景名胜，以及徒步、骑行等户外运动项目。同时，Sora 还会推荐当地的特色美食和住宿选择，让游客在享受自然美景的同时，也能品尝到地道的美食，获得舒适的住宿体验。

Sora 还能够为用户提供虚拟旅游体验。对于那些暂时无法亲身前往旅游目的地的用户，这无疑是一种全新的替代方案。通过虚拟现实和增强现实技术，Sora 能够将旅游目的地的美景、文化、历史等完美呈现出来，让用户仿佛身临其境。用户舒适地坐在家里的沙发上，戴上 VR 眼镜，就能领略异

国他乡的风土人情，这种沉浸式体验无疑将极大地增强虚拟旅游的乐趣和吸引力。

此外，Sora 还能根据游客的反馈和实时数据，不断优化游玩攻略。如果游客在视频中提到某个景点人流量较大，Sora 会在后续推荐中考虑到这一点，为游客提供更加合理的行程安排。这种动态调整和优化，使得游玩攻略视频更符合游客的实际需求。

Sora 的个性化推荐功能能够帮助用户更好地享受旅游过程。不同的用户有着不同的喜好和需求，Sora 能够基于用户的个性化需求生成旅游视频，从而更好地满足用户需求和期望。

2.4.4 Sora+医疗：开启医疗新纪元

Sora 能够推动医疗机构变革。例如，Sora 能够生成三维模拟视频，实现更加精准的医疗诊断；能够生成病患视频，方便医生远程观看；能够生成医疗器械使用短片，提供全新的医疗器械展示视角；能够生成逼真的手术视频，为医生提供学习复杂手术技巧的途径等。在 Sora 的帮助下，医疗环境将会进一步改善，医疗服务水平将会进一步提高。

1. 以三维模拟视频展示病变情况

人类的身体是一个动态系统，各个器官、组织之间是相互联系的。一些器官或组织的变化可能会引发一些疾病。在传统医学中，医生往往利用图片进行观察诊断，随着 Sora 的出现，医生可以使用其生成的三维模拟视频更加直观地看到病变情况。

Sora 生成的三维模拟视频可应用于疾病诊断、病情讲解和医疗教学等场景中。

（1）疾病诊断。三维模拟视频能够在疾病诊断中发挥重要作用。例如，在心脏病诊断方面，借助 Sora 生成的心脏三维模拟视频，医生能够详细观察心脏的内部结构，及时发现病变并进行治疗。根据视频中心脏的跳动频率和血流速度，医生能够诊断出心脏病的类型以及其严重程度。

（2）病情讲解。医生可以利用 Sora 生成用于展示病情的三维模拟视频，生动形象地向患者讲解病情，并说明治疗方案。通过Sora生成的三维模拟视频，患者更加了解自己的病情，从而增加对医生和治疗方案的信任度。

（3）医疗教学。在传统医疗教学中，教师一般通过书本、幻灯片等向学生传授知识，直观性不强。而通过Sora生成的三维模拟视频，学生可以直观地看到人体结构，教学效果更好。

Sora生成的三维模拟视频主要有以下3个优势，如图2-4所示。

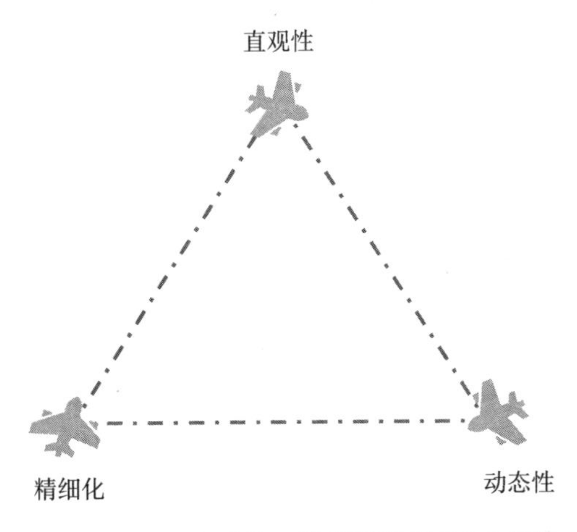

图2-4　Sora生成的三维模拟视频的3个优势

（1）直观性。Sora生成的三维模拟视频能够直观地展现人体结构，帮助学生更好地理解人体结构，提高教学效果。对于医生而言，三维模拟视频能够更清楚地展示病变情况，帮助其为患者提供更有针对性的治疗方案。

（2）动态性。Sora生成的三维模拟视频具有动态性，能够展现人体系统的动态变化，从而帮助学生了解病情发展过程。

（3）精细化。医生借助三维模拟视频能够了解人体组织的病变细节，从而制订更加合理的手术计划，提升手术成功率。

总之，随着Sora生成视频的效果不断提高，其即将成为医学领域的重要工具，为医学教育、研究、诊断等带来巨大变革。借助Sora生成的三维模拟视频，医生和学生能够对医学知识有更深入的了解，提升业务（知识）水平，实现治疗方案的优化。

2. 治疗计划与病例的远程讨论

在医疗会诊过程中，医生偶尔会通过远程会议方式进行病例讨论并制订治疗计划。这种方式主要有 3 个优势，如图 2-5 所示。

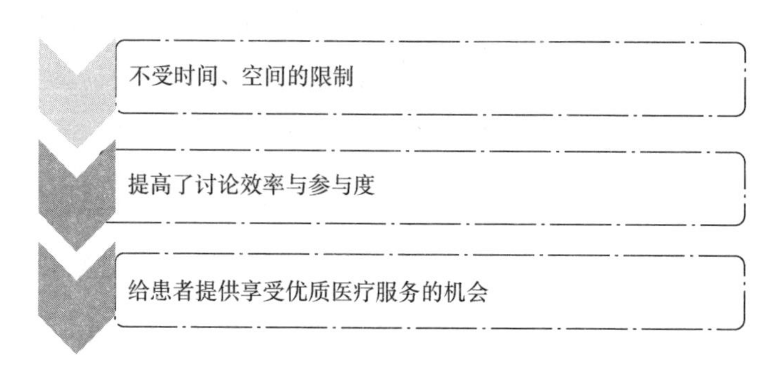

图2-5　远程会诊的优势

（1）不受时间、空间的限制。一些偏远地区的患者去大城市看病需要来回奔波，不仅费时费力，而且面临着高昂的医疗费用。线上远程会诊的方式没有时间、空间的限制，能够解决医疗资源分布不均的问题，使偏远地区的患者也能够享受到高质量的医疗服务。

（2）提高了讨论效率与参与度。在线上对复杂病例进行讨论，能够使医生在交流中不断充实自身专业知识，了解各类疾病的特征，有助于其在日后的治疗中做出更加精准的判断和决策。远程病例讨论也能够提高基层医院医生的能力，一些基层医院医疗条件差，医生无法进一步提高业务能力，远程病例讨论有助于培养更多优秀人才。

（3）给患者提供享受优质医疗服务的机会。线上远程讨论能够汇集各个地区有名的专家，使患者获得更加专业的治疗意见和更有针对性的治疗方案，还能够减少患者的医疗支出，减轻其经济负担。

虽然治疗计划与病例远程讨论有诸多好处，但也存在直观性差的缺点。通过线上视频连线的方式进行病例讨论，医生无法对病例进行深入研究，诊断的精准性有所下降。Sora 的出现解决了这一难题。Sora 能够根据医生的描述生成相应的病患视频，精准展示病例，更有利于远程交流诊断、制订合理的方案。

3. 生成医疗器械使用说明短片

医疗器械指的是直接或间接作用于人体的仪器、设备等。一些医疗器械使用难度大，许多患者无法通过说明书了解其使用方法。Sora 能够为患者提供帮助。企业可以利用 Sora 生成医疗器械使用说明短片，帮助患者轻松学会使用医疗器械。Sora 生成的医疗器械使用说明短片主要有以下作用，如图 2–6 所示。

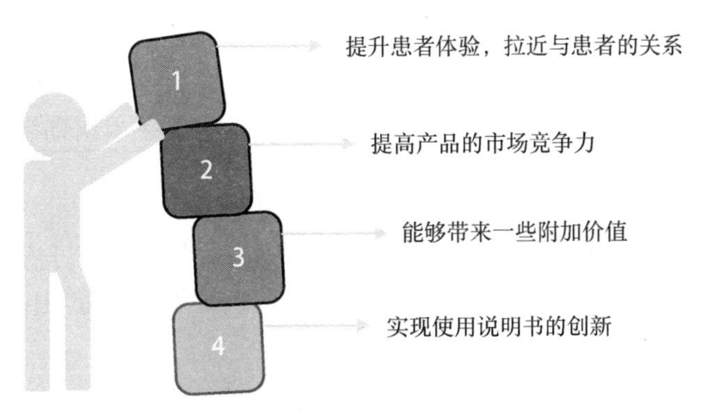

图2-6　医疗器械使用说明短片的4个作用

（1）提升患者体验，拉近与患者的关系。医疗器械使用说明短片能够成为产品与患者交互的桥梁，提高产品使用体验。一些较为复杂的医疗器械的说明书往往晦涩难懂，而借助说明短片，便能够更加清晰地向患者传达产品的功能和使用方法，帮助患者快速上手。如果患者借助说明书无法理解产品的使用方法，可能会对产品产生负面情绪，消费满意度下降。

（2）提高产品的市场竞争力。医疗器械使用说明短片不仅能够指导患者使用医疗器械，满足患者需求，还能够提升产品的市场竞争力。在医疗器械市场上，许多产品的功能大同小异，如果有配套的使用说明短片，患者就能够感受到企业的贴心，从而增强对企业的信任，提升购买意愿。

（3）能够带来一些附加价值。医疗器械使用说明短片能够为患者带来附加价值。患者通过观看短片，能够学习医疗器械使用技巧，更好地使用产品。在一些短片中，患者还能够学习到医疗器械出现故障时的解决方法。

（4）实现使用说明书的创新。随着科技不断发展，当一些企业还在使用纸质或者电子说明书时，一些企业已经开始通过短片展示医疗器械的使用方法，为患者提供直观的指导。

4. 医疗教育：逼近真实的手术培训视频

医生承担着救死扶伤的责任，需要不断提升自己的专业水平，及时学习新知识、新技能。尤其是负责做手术的医生，只有不断学习，才能拥有精湛的技术，为患者提供更加优质的医疗服务。

手术培训视频是医生学习手术技巧的途径之一，但手术培训视频的数量、覆盖范围有限，可能无法满足医生的一些具体化、个性化需求。Sora 生成手术培训视频能够很好地解决这一问题。Sora 生成手术培训视频主要有以下几点优势。

（1）能够快速生成视频，且视频效果逼真。Sora 能够在几分钟内生成手术培训视频，且能够以假乱真，对一些细节也处理得十分到位，为医生提供优质的学习资源。

（2）能够为医生提供宝贵的学习资料和更高效的学习体验。医生可以通过 Sora 生成的手术培训视频学习手术操作技巧，如心脏手术的操作步骤、腹腔镜的使用技巧、解剖的方法等。一些实习医生还没有资格做手术，手术培训视频是他们学习手术操作技巧的有效途径，能够为他们提供清晰的操作指南。

（3）学习最新的手术操作技术。手术操作技术发展十分迅速，医生能够通过手术培训视频了解新的技术，更新自己的知识库，提高专业技术水平。

（4）进行错误演示警示学生。通过手术培训视频，实习医生能够了解一些手术中的失误或者不当行为，从而避免自己今后出现类似失误。

第3章

Pika：年轻创新公司“玩转”AI

Pika 是一家年轻的创新公司，凭借视频生成工具 Pika 1.0 迅速成为行业焦点，短时间内估值达 2 亿美元。其成功源于独特性、创新性和精准市场定位。Pika 简化了视频制作流程，降低了创作门槛。无论是个人还是专业团队，都能借助 Pika 释放创意。

3.1 Pika是极强的AI工具

在当今数字化时代，AI 技术正以前所未有的速度革新着我们的生活。Pika 作为 AI 领域的新兴力量，凭借其创新的 AI 视频生成工具 Pika 1.0 迅速崭露头角。Pika 1.0 还在持续创新与迭代，提升用户体验。随着技术的不断进步，Pika 有望引领一场视频制作的革命，让创意视频制作变得触手可及。

3.1.1 半年估值2亿美元的AI“新秀”

Pika 1.0 背后团队 Pika Labs 成立于 2023 年 4 月，以“让每个人都能成为创意视频导演和制作人”为核心理念。现阶段，Pika 1.0 具备制作 3D 动画、动漫及电影等各类视频的能力，同时支持画布扩展、局部调整、视频时长延伸等编辑功能。据网友实际评测，相较于 Runway Gen-2，Pika 1.0 在生成电影镜头方面表现更为出色。

在短短的几个月内，Pika Labs 成功筹集了高达 5 500 万美元的资金，企业估值已超过 2 亿美元。Pika 1.0 用户数量已超 50 万名，每周产出的视频内容近百万部，成为 AI 领域的“后起之秀”。Pika 成功的原因主要有以下两个，如图 3-1 所示。

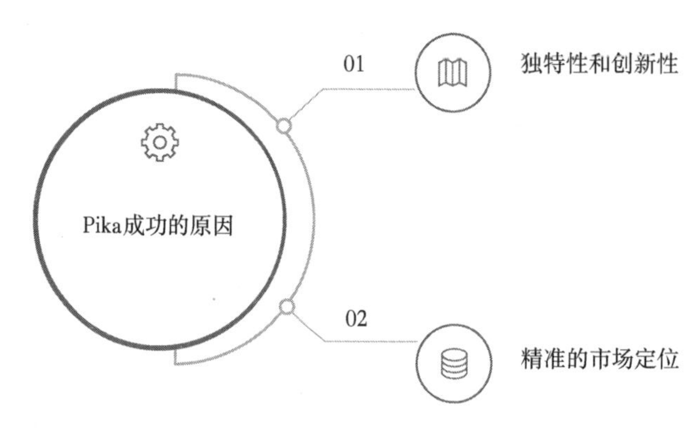

图3-1 Pika成功的原因

1. 独特性和创新性

Pika 在视频生成领域提供了独特而创新的解决方案，包括支持多种视频类型和编辑功能，以及优秀的视频生成质量。Pika 的产品设计和用户界面与其他竞争对手有所不同，提供了更加直观、易用且高效的用户体验。Pika 引入了一些独特的功能或工具，因此在市场上脱颖而出，吸引了大量用户和关注。

2. 精准的市场定位

Pika 精准地定位了自己的目标用户群体——希望成为创意视频导演和制作人的个人或小团队，满足了他们的需求和期望。Pika 对市场需求做出了准确判断，了解用户对视频生成工具的需求，Pika 1.0 的设计很好地满足了这些需求。通过在市场上找到自己的定位和优势，Pika 能够与竞争对手区分开来，建立起自己的品牌和市场地位。

目前，Pika 已推出唇形同步功能，该功能显著区别于市场上 AI 文生视频产品所采取的以旁白形式模拟对话。具体而言，Pika 生成人物的唇形实现动态变化，从而营造出一种人物正在说话的沉浸感。

通过独特性、创新性以及精准的市场定位，Pika 吸引了大量用户，树立了良好的品牌形象，在竞争激烈的视频生成工具市场脱颖而出。这些因素共同促成了 Pika 的成功，并为其未来发展奠定了坚实基础。

3.1.2 Pika和Sora有什么区别

Pika 和 Sora 是两个不同的 AI 视频生成工具，它们各自有着独特的特点和优势。具体来看，Pika 具有的优势如图 3-2 所示。

图3-2 Pika的优势

（1）生成高质量视频。Pika 具备依据文本提示生成高质量视频的能力，所生成的动画画面清晰、内容连贯。

（2）语义理解能力。Pika 在解析文本提示方面展现出较强的能力，能够根据各类文字输入生成相应内容和风格的视频。

（3）独特功能。Pika 有一些独特的功能，如支持多种视频类型、画布延展、局部修改等。

Sora 在视频生成方面的主要优势如下：

（1）高效性。Sora 模型具备在短时间内生成高质量视频的特性，这在广告、宣传等需迅速制作大量视频的领域具有重大意义。

（2）真实性。通过对大量视频数据的学习，Sora 能够生成具有高度逼真感的视频，这使它在虚拟现实、增强现实等领域具有广泛的应用前景。

（3）语言理解能力。Sora 具备强大的语言理解能力，能够精确解析指令并创造出富有情感的角色。

总的来说，Pika 和 Sora 都是优秀的视频生成工具，但它们在主要优势、特色功能等方面存在一些区别。选择适合自己需求的工具取决于具体的使用场景和要求。

3.1.3　感受Pika的创新与迭代

2024年3月，Pika实验室成功研发了一项创新功能——AI音效生成，此功能致力于助力用户为视频内容打造契合度极高的音效，实现无缝衔接。AI音效生成功能的实现方式有两种：一是根据用户提供的描述性文本生成音效；二是Pika根据视频内容自动匹配音效。

目前，Pika官方网站已通过多个示例展示了新功能在实际应用中的表现。例如，在一段关于烤培根的视频中，Pika仅依据视觉信息便生成了相应的音效。

Pika创始人透露，Pika将持续迭代。其功能主要包括以下几点，如图3-3所示。

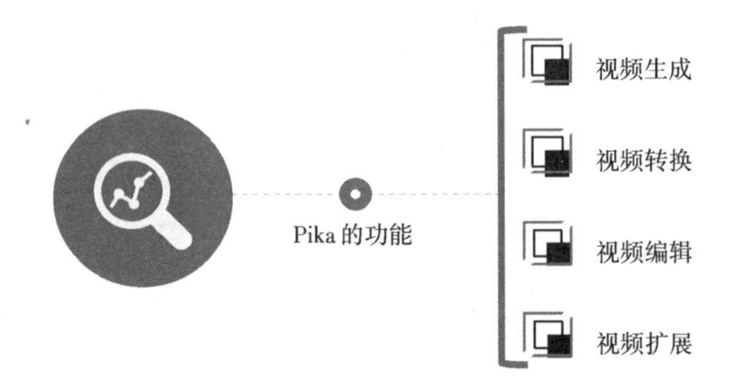

图3-3　Pika的功能

1. 视频生成

基于用户提交的文字或图片，Pika能够生成3D动画、实拍电影等多种风格的视频。这些视频通常呈现出高度逼真的光影效果，并具备精细的细节处理。此外，Pika还支持多样化的镜头控制，从而使整体视觉效果异常丰富。

2. 视频转换

值得关注的是，Pika具备转换视频风格的能力，例如，将真实人物视频转变为动画风格。这为用户提供了丰富的创意空间，使得视频内容呈现出独特的视觉效果。

3. 视频编辑

用户可通过鼠标框选及文字描述的方式，对视频的特定区域进行精确编辑。该操作能够实现对视频内容的个性化定制与精细化调整。

4. 视频扩展

Pika 具备根据预设的视频尺寸自动填充超出原始视频范围的内容的功能。此外，Pika 还能延长现有视频的时长。

总之，Pika 1.0 的发布标志着 AI 视频生成技术迎来新的浪潮，其卓越的视频生成能力将为个人和企业提供更为便捷、高效的视频创作与生产体验。

3.2 你能通过Pika做什么

Pika 凭借先进的 AI 视频生成技术，为用户带来了革命性的视频制作体验。通过简单的指令，无论是视频创作小白还是专业创作者，都能轻松创作出高质量、个性化的视频作品。不仅如此，Pika 的图生视频和智能扩图功能还进一步拓展了创作边界，帮助创作者释放无限创意。而其自定义画面与镜头的功能，更使每一帧画面都充满艺术感和生命力。

3.2.1 根据文案/提示词一键生成视频

Pika 能够依据文案或提示词迅速创作相应视频内容。在 Pika 中，用户只需在对话框内输入“/”唤出指令菜单，紧接着输入“create”，然后输入相应的关键词，便可实现视频生成。

这大大简化了视频制作的复杂性，使得没有掌握专业视频制作知识的用户也能轻松创建出高质量的视频内容。

在营销领域，Pika 助力企业迅速创建与品牌形象相符的视频内容，以便于社交媒体营销及推广活动开展。个人用户仅需输入创意文案，便可轻松创作独具特色的视频作品，展示个人创意与独特视角。此外，教育机构也可充分利用 Pika，迅速生成教学视频，为学生提供更富生动性与直观性的教学资源。

Pika 的这项功能对于营销人员、内容创作者来说，是一个巨大的便利，它极大地提高了工作效率，同时降低了视频制作的门槛。

此外，Pika 还允许用户对生成的视频进行进一步的编辑和定制，比如调整视频的长度、添加特定的元素或文字，以及更改视频的风格和色调等，以满足用户的个性化需求。

3.2.2 图生视频与智能扩图

Pika 的图生视频功能允许用户上传图片，然后通过 AI 技术将这些图片转换成动态的视频内容。这意味着用户可以轻松地将静态照片或插画转化为有趣的视频片段，而无须复杂的视频编辑技巧。

智能扩图则是Pika的另一项功能，它能够根据用户提供的少量图片或草图，通过 AI 算法推断并生成完整的图片或视频内容。这对于那些需要快速创建内容但缺乏资源的用户来说，是一个非常实用的功能。

智能扩图还可以将低分辨率的图像扩大为高分辨率的图像，提高图像清晰度，改善图像细节。智能扩图不仅节省了时间，还能够帮助用户消除创意瓶颈，提供更多的创作可能性。

综合来看，Pika 为用户提供了丰富多样的图像和视频处理功能，为用户带来更好的创作体验，有助于提升用户的创作效率和作品质量。Pika 在视频内容创作领域具有很高的竞争力，能够为用户提供从创意到成品的一站式解决方案。

3.2.3 自定义画面与镜头

Pika 可以控制镜头运动和画面运动强度。它通过算法模拟真实世界的相机运动，实现平滑且自然的镜头过渡效果。同时，Pika 还允许用户根据需要调整运动强度，以达到所需的视觉效果。

Pika 具备强大的场景识别和自动调整功能。它能够根据场景中的元素和氛围，自动选择最合适的运动模式和速度，为用户带来更加生动和真实的视觉体验。

此外，Pika 还提供了丰富的预设效果，用户可以根据需要选择预设的运动轨迹和速度，快速应用到自己的作品中。这些预设效果经过精心设计和调试，既能够满足用户的基本需求，又能够激发用户的创作灵感。

Pika 的自定义画面与镜头功能不仅仅是技术的展示，更是创意的表达。通过对参数的调整，用户可以打造出独特的视觉风格，让每一帧画面都充满生机与创意。同时，Pika 还提供了丰富的滤镜效果和特殊镜头运动选项，用户可以尽情发挥想象力，创造出令人惊艳的视觉效果。

针对专业用户，Pika 提供了高级编辑功能，允许用户自定义镜头运动轨迹和速度曲线，实现更加个性化的视觉效果。用户可以通过简单的拖拽和调整，打造出符合自己风格的独特作品。

总之，Pika 作为一款智能的视频生成工具，不仅具备强大的功能，还注重用户体验和易用性。无论是初学者还是专业用户，都能够通过 Pika 轻松创作出高质量的视频，并提升视频的观赏性和表现力。

3.3 Pika应用指南

在当今数字时代，创意表达与内容创作的需求日益增长，而Pika的出现正是为了打破技术壁垒，让视频制作变得简单易行。这款强大的工具以其易用性和自动化功能，降低了视频创作的专业门槛，无论是新手还是经验丰富的创作者，都能迅速上手并释放无限创意。

3.3.1 撒手锏：无门槛上手

Pika 的撒手锏在于极低的上手门槛，这得益于其简洁直观的用户界面和强大的自动化功能。

一些视频创作工具往往需要用户具备一定的专业技能，创作过程较为复杂。以 Runway 为例，其提供的 Photoshop 笔刷和图层等功能，普通用户难以驾驭，更适合专业创作者。为了使用用户无门槛上手，Pika 创始人创立了 Pika。她意识到，如果 AI 视频生成工具的专业门槛过高，将不利于广大普通用户的使用。

在 Pika 应用过程中，其各项功能均呈现出简洁直观的特点。同时，二次编辑、画布扩展等功能均在产品界面清晰展示，这对新手极为友好。

例如，Pika 曾对一支老旧广告进行翻拍，其原本的创作团队多达 30 人，耗时近一个月才完成原片的拍摄。借助 Pika Beta 2.0，一个人用不到一天时间便将短片制作完毕，实现了效率的大幅提升。

Pika 的这种易用性使得其成为广大视频创作者的理想选择，无论是初学者还是专业人士，都能迅速上手并发挥其潜质。

3.3.2 Pika操作流程

在 Pika 上创作短动画的过程十分简单。

首先，打开Pika应用，选择一个你喜欢的动画主题模板，这样有助于快速搭建动画的基本框架。

其次，使用 Pika 工具栏中的绘图和形状工具，创建或修改角色和场景。你可以添加细节、调整颜色和尺寸，使其符合你的想象。确定动画中的关键动作点，并在时间轴上设置关键帧。如果你想要一个角色从左向右移动，你需要在起始位置和结束位置分别设置关键帧。

再次，为了增强动画的沉浸感，你可以导入音效和音乐文件。Pika 提供音频编辑工具，你可以调整音频的音量、时长，实现音画同步。

最后，在完成所有编辑后，预览动画。如果有需要，返回编辑界面进行微调，直到满意为止。

整个过程中，Pika 会提供实时的预览功能，让你随时看到动画效果，并且可以随时进行调整。这样，即使是没有视频编辑经验的用户，也能轻松创作出有趣的短动画。

3.3.3 实例：在Pika上创作短动画

运用 ChatGPT 与 Pika 工具，可将《赋得古原草送别》这首古诗改编为生动有趣的动画剧情，具体操作步骤如下。

1. 文本分析与故事构思

首先，使用 ChatGPT 对《赋得古原草送别》进行深入分析，提取诗中的情感、意象和故事情节。基于分析结果，ChatGPT 生成一个初步的故事大纲，包括主要角色、情节发展和环境设定。例如，可以设定一个旅者在古原上的离别场景，野草的生长和枯萎象征时间的流逝。

2. 角色与场景设计

使用 Pika 的绘图工具，根据故事大纲设计角色（如旅者、草地上的动物等）和场景（古原的四季变化），并为每个角色和场景添加详细的特征，如旅者的装束、草原上的植被等。

3. 关键帧与动画制作

在 Pika 中设置关键帧，定义角色的动作和场景的变化。例如，旅者行走、挥手告别，风吹草动等。利用 Pika 的动画工具，将关键帧之间的动作连接起来，形成流畅的动画。

4. 故事叙述与对话编写

利用 ChatGPT 编写故事的旁白和角色对话。这些文本将被配音并在动画中呈现，以增加故事的叙事层次。文本的语言风格应与古诗的韵味相契合，同时易于现代观众理解。

5. 配音与音效处理

在ChatGPT 中找到合适的语音进行配音，或者使用文本到语音转换工具生成配音。在 Pika 中对配音进行编辑，如调整音量、添加回声等，以增强听觉效果。

6. 最终预览与调整

在 Pika 中进行最终预览，检查动画的连贯性、音效的匹配度以及故事的整体流畅性，根据需要进行调整。

7. 发布与分享

使用 Pika 导出动画为适合分享的格式，如 MP4。结合 ChatGPT 生成吸引人的描述和标题，用于在社交媒体或视频平台上推广。

通过以上步骤，用户就可以创作出一个将古诗与现代技术相结合的动画。

第4章

Runway：赋予文字和图片“灵魂”

Runway 是一款革命性的 AI 视频创作工具，其以先进的算法和直观的用户界面，引领了一场视频制作领域的创新风暴。

从文本到视频，再到 3D 捕捉与文生三维图片，Runway 不断解锁艺术创作新可能，降低创作门槛，激发创作者想象力，实现技术与艺术的融合，推动视频制作行业迈向新高度。

4.1 走近不断提高的Runway

通过先进的技术与直观的用户界面，Runway 不仅简化了视频编辑流程，还赋予创作者无限的想象空间。从 Gen–1 到 Gen–2 的升级，Runway 持续提升性能和用户体验，致力于打造一个开放、协作和高效的视频创作生态系统。

4.1.1 Runway引爆视频变革

2023 年，Runway 的视频编辑工具参与制作的影片《瞬息全宇宙》荣获最佳女主角奖项，凸显了其在影视创作领域的卓越实力。

Runway 旗下的视频编辑工具 Gen–2 能够将文本转化为视频。仅需输入几个关键词或一句话的概述，Gen–2 便能为用户呈现符合其期望的视频。

Runway 的核心竞争力在于其智能化的创作流程。该流程能够自动完成许多在传统视频编辑中耗时费力的任务，如视频剪辑、色彩校正、视觉效果添加等。此外，Runway 还提供了丰富的预设模板，新手也能快速上手并创作出专业级别的作品。

在艺术创作领域，Runway 的应用价值体现在其作为辅助工具，助力创作者实现创新构想。Runway 创始人表示，Runway 的目标是通过技术手段减少视频制作中的烦琐工作，让创作者能够更高效地实现他们的创意。

如今，Runway 已发展成为一款颇具规模的在线视频编辑工具，实现了浏览器内的实时协同办公，并不断丰富其智能视频编辑与创作功能。

Motion Brush 是 Runway 推出的全新功能，它允许用户通过简单的画笔操作在视频中创建复杂的动态效果。只需轻轻“涂抹”，Motion Brush 就能将静态图片转化为生动有趣的视频，为创意产业带来了全新的可能。

借助计算机视觉与深度学习技术，Motion Brush 具备识别图像关键信息并进行智能分析的能力。用户在视频画面上进行“涂抹”操作时，该功能会分析周边像素，并根据预先学习的运动模式生成相应的动态效果。

Runway 公司宣称，Motion Brush 的问世意味着 AI 技术在创意领域的应用步入了一个全新阶段。Runway 有望继续扩展其功能，提供更多创新的工具和服务，以满足不断变化的市场需求。它的出现，不仅为视频制作行业带来了新的活力，也为艺术家和创作者提供了新的表达方式。

4.1.2 双面性：Runway优劣势分析

Runway 降低了视频创作的难度，使得广大用户能够以较低的成本创作出高质量的视频作品，甚至能达到好莱坞级别的水准。Runway 的优势主要有以下几个。

首先，Runway 构建自身的基础模型，能够根据用户提交的文本、图形或视频素材，生成相应的视频内容。基于“AI+ 内容创作”的逻辑，Runway 孵化出众多 AI 视频创作工具。

其次，Runway 针对各类应用场景与交互体验，设计了多元化的产品。无论是专业级视频编辑，还是轻量化视频制作，抑或图像生成，Runway 均能满足用户的不同需求。Runway 推出的 Custom AI Training 是一款适用于移动端的视频生成工具。用户拍摄照片或视频后，仅需简易的特效处理与编辑，便可将其上传到社交平台。

最后，Runway 的商业模式本质上属于产品驱动型，这与销售驱动型商业模式有所区别。相较于其他工具依赖大量广告投放以实现增长，Runway 更注重通过提供卓越的用户体验来推动业务增长。

但 Runway 也需要思考关于技术挑战和市场竞争方面的问题。随着 AI 模型复杂性增加，用户可能需要一定的学习和适应时间来充分挖掘这些模型的潜力。并且 Runway 面临来自其他 AI 视频编辑工具的激烈竞争，需要不断创新以保持其市场地位。

4.1.3 从Runway初始版到Runway升级版

Runway 创立之初，其产品与技术颇具多样性。其中，核心产品为一款关于 ML（Machine Learning，机器学习）模型的应用商店，用户可在此平台上选用超过 100 种模型，如 StyleGAN 等。

随后公司基于 AI 算法，不断开发新的模型框架。凭借与德国慕尼黑大学的紧密合作，Runway 研发了首版 Stable Diffusion。

2023 年，Runway 推出了 Gen–1 模型。该模型具备卓越的视频编辑能力，能够通过文本提示或参照其他图像风格，在原视频基础上生成全新视频，为用户提供了便捷的视频创作途径。Gen–1 有以下几种模式，如图 4–1 所示。

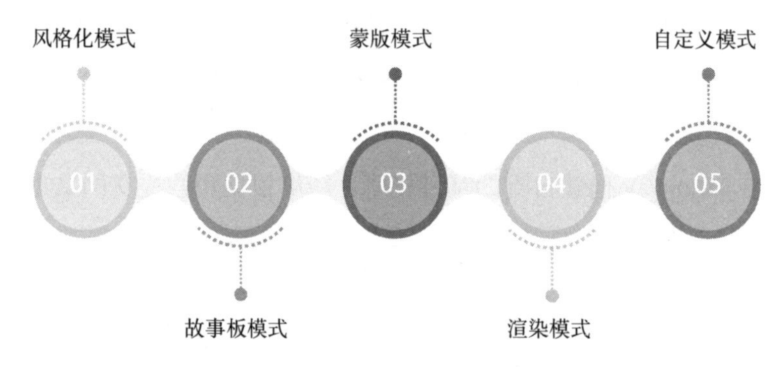

图4–1 Gen–1的模式

（1）风格化模式。允许用户调整视频的整体风格，使之与特定图像或文本描述相契合。

（2）故事板模式。可以将用户上传的草图转变为完全风格化的动画渲染。

（3）蒙版模式。能够从视频中提取特定主题，并通过简洁的文本提示进行相应调整。

（4）渲染模式。将基本渲染素材转化为详细和现实的视觉场景。

（5）自定义模式。允许用户自定义模型。

Gen-1发布三个月之后，Runway推出了Gen-2。Gen-2具备文本到视频的生成能力，用户既可输入自创文本提示，也可依据系统提供的自动提示建议来生成视频。此外，Gen-2还支持高级设置优化，用户可在网页端对生成的视频进行微调。以下是Gen-2的升级之处。

1. 强大的AI模型

Gen-2配备了先进的AI模型，这些模型在解析用户需求和创作视频内容方面表现卓越。它们能够产出更高品质的成果，使得视频及图像更为真实且精细。

2. 性能提升

通过优化算法和硬件加速，Gen-2的性能得到了显著提升。这意味着用户可以在更短的时间内完成视频的生成和处理，极大地提高了工作效率。

3. 简化的工作流程

经过重新设计，Gen-2的用户界面更加直观易用。用户可以通过简单的拖放操作来使用AI模型，无须复杂的设置就能轻松地将AI技术融入视频创作中。

4. 集成市场

Gen-2的集成市场为用户提供了一个便捷的平台，用户可以在这里发现和购买新的AI模型。这不仅丰富了用户的工具选择，也促进了AI技术的创新和发展。

5. 更多的协作功能

Gen-2增加了多种协作功能，如项目共享和实时协作，使得团队成员可以更轻松地协同工作。这些功能对于远程工作和团队合作至关重要。

通过改进和升级，Runway的Gen-2模型为用户提供了更强大、更智能、更具创新性的工具，帮助用户实现更高质量的视觉内容生成和创意表达。

4.2 Runway功能大盘点

通过 Runway，用户能够轻松合成创新的视频内容，实现风格转换、高效编辑，甚至添加互动元素，让视频创作变得更加生动有趣。

不仅如此，Runway 还具备强大的 3D 捕捉与文生三维图片功能，使得三维内容的创建变得快速而精准。在音频处理和字幕生成方面，Runway 同样表现出色。新推出的多重运动画笔功能更是将动态效果提升到一个新的层次，为各领域的创作者提供了无限的想象空间。

4.2.1 功能一：视频生成与编辑

Runway 是一款集成了先进的机器学习技术的视频生成与编辑软件，它为用户提供了一系列创新的工具来简化视频创作流程。

Runway 允许用户利用 AI 算法合成全新的视频内容。例如，通过深度学习技术，用户可以创建逼真的虚拟人物或动画。用户可以将一种视频风格应用到另一视频上，实现风格的转换，如将黑白视频转换成彩色，或者模仿特定艺术家的风格。AI 可以自动识别视频中的关键帧和重要场景，帮助用户快速进行视频剪辑。

在视频编辑方面，Runway 提供实时预览功能，用户可以在编辑过程中立即看到修改效果，无须等待长时间的渲染。AI 可以自动填充视频中的缺失部分或修复损坏的画面，提高视频质量。通过 AI 色彩校正工具，用户可以轻松调整视频的色彩平衡和对比度。

并且，Runway 支持在视频中添加互动元素，使得视频内容更加吸引人。用户可以创建具有分支路径的视频，观众的选择可以影响故事的走向。

Runway 支持多用户同时编辑同一项目，便于团队成员之间的协作。用户可以将项目存储在云端，方便随时随地访问和分享。

在使用 Runway 进行视频生成与编辑时，用户需要注意输入的文本提示词应尽量准确、详细地描述所需要的场景、人物等元素，并且，要注意保护个人隐私与信息安全。

4.2.2 功能二：3D捕捉与文生三维图片

Runway 支持 3D 模型生成、编辑和渲染，以及实时的 3D 场景构建与交互。此类技术一般依据结构光或多视角成像技术原理，通过分析从不同视角拍摄的图像，生成物体的三维模型。3D 捕捉功能具有以下特点，如图 4–2 所示。

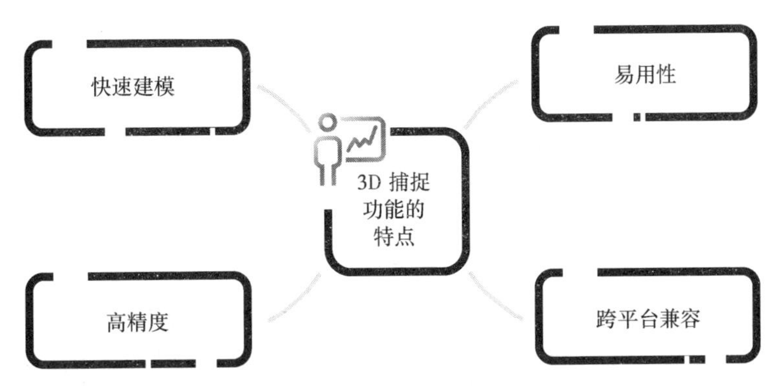

图4–2　3D捕捉功能的特点

（1）快速建模。用户只需围绕目标物体移动相机，Runway 便能实时生成三维模型。

（2）高精度。通过精确的算法计算，捕捉出的三维模型细节丰富，接近实物。

（3）易用性。用户界面友好，无须专业知识即可完成 3D 捕捉。

（4）跨平台兼容。支持多种设备和操作系统，方便用户在不同环境下使用。

用户可借助Runway实现文生三维图片、现有图像调整以及风格迁移。文生三维图片有以下特点。

（1）文字到图像。用户输入描述性文字，Runway 利用深度学习模型将文字描述转化为具体的三维图像。

（2）无限创新。用户可以通过文字描述创造出无法直接拍摄的虚拟物体或场景。

（3）个性化定制。用户可以根据需要调整生成的三维图像的风格和特征。

Runway 的 3D 捕捉与文生三维图片功能为用户提供了强大的工具，使他们能够轻松创建和操控三维内容，这在众多行业中具有广泛的应用场景。随着技术的不断成熟与优化，这些功能将变得更加高效且用户体验更为友好。

4.2.3 功能三：音频与字幕处理

Runway 平台还具备音频处理功能，包括但不限于语音合成、音乐创作与音效设计，可以简化音频内容的编辑和字幕生成的过程。这些功能对于视频制作者、内容制作者来说，非常有价值。在音频处理方面，Runway 主要具有以下 4 个功能。

（1）去除噪声。运用 AI 算法对音频信号进行处理，有效降低背景噪声干扰，从而提升音频品质。

（2）消除静音。通过智能检测与处理，自动去除音频中的静音片段，从而缩短音频时长。

（3）生成转录文本。利用语音识别技术，将音频文件转化为文本格式。

（4）生成字幕。利用文本转换技术，将音频的转录文本转化为字幕格式，以便于用户查阅。

Runway 的字幕生成功能利用自动语音识别技术，将音频转换成文字字幕，并且自动同步字幕与音频，确保字幕在视频中的位置准确。此外，Runway 支持多种语言字幕生成，有助于制作国际化内容。

在 Runway 平台上，音频与字幕的协同作用得以充分发挥，用户可对字幕进行高效编辑，如调整时间码、添加注释等。编辑过程中，用户不仅能实时收听音频，还可直观地看到字幕效果。

Runway 的音频与字幕处理功能为用户提供了一种快速、高效的方式来处理音频内容，同时确保字幕的准确性和流畅性。

4.2.4 新功能：多重运动画笔

2024 年 1 月，Runway 宣布推出多重运动画笔功能，能够助力创作者为

AI 制作的图像和视频添加运动元素。值得注意的是，运动元素并非随意添加，而是能够精确且受控地作用于特定区域。

借助该功能，用户能够在图片中选取特定主体或区域，为其设定运动方向及强度，使原本静态的图像焕发活力，呈现出生动可控的画面效果。

多重运动画笔功能在影视制作、教育、娱乐等领域具有广泛应用。在影视制作领域，该功能使复杂动画效果的实现变得轻松便捷。广告创意从业者可以借此制作出富有动感、引人入胜的广告视频。艺术家得以借此功能创作出令人叹为观止的视觉艺术佳作。在社交媒体平台上，多重运动画笔功能能够助力创作者展示独特个性和丰富创意。

4.3 “玩转”Runway其实不难

Runway 平台的使用其实并不复杂，其智能识别和个性化剪辑功能，使得视频编辑过程变得直观且高效。无论是初学者还是经验丰富的创作者，都能迅速掌握要领，轻松创作出令人赞叹的 AI 视频，实现自己的艺术梦想。

4.3.1 亮点：在手机上生成AI视频

Runway 公司推出了一款名为 RunwayML 的移动应用程序（如图 4–3 所示），该应用已在 iOS 平台正式上线。该应用程序致力于为用户提供便捷的体验，以满足其在移动设备上的创作需求。通过该应用程序，用户可以在手机上制作出各种风格的 AI 视频。

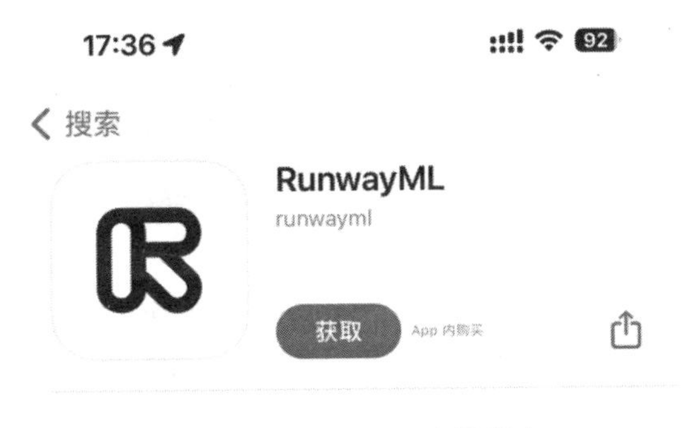

图4–3 RunwayML应用程序

该应用程序主要依赖于 Runway 公司先前发布的 Gen-1 模型。用户向应用程序输入文本、图片或视频，Gen-1 模型能够根据用户提交的内容，自动将其转化为相应风格的视频。

此外，RunwayML 预设了图像风格参数。这些参数类似于滤镜，但它们并非仅调整视频的色彩与质感，而是将画面中的所有物体统一为同一风格。RunwayML 的优势如下。

1. 智能识别与选择

运用自动识别技术，RunwayML 能够为用户精准筛选最合适的视频片段，从而省略手动挑选的烦琐过程。

2. 定制化剪辑

RunwayML 能够满足用户个性化剪辑需求，从而提高创意的灵活性。

3. AI 剪辑建议

凭借 AI 技术，RunwayML 具备自动分析多媒体文件、辨识关键元素以及提供智能剪辑建议的功能，从而提高编辑过程的效率和智能化水平。

4. 快速剪辑功能

该功能能够迅速识别视频镜头，提升视频制作效率，使创作过程更为顺畅。

5. 随时预览

RunwayML 不仅允许用户对时间线进行调整，还具有实时预览功能，便于用户对视频内容进行自由编辑。

然而，当前 RunwayML 的输出效果尚未达到完美的标准。用户输入指令后，最终呈现出的动画效果可能不符合用户的期望，生成的物体可能存在变形、模糊等不足之处。在视频生成速度方面，该应用程序生成一个视频所需时间为 2 ～ 3 分钟。

目前，该应用程序搭载了 Gen-1 和 Gen-2 模型，如图 4-4 所示。

随着性能不断提升，RunwayML 将为用户提供更多高级的 AI 视频生成功能，带来更加丰富和沉浸式的视频制作体验。

图4-4　RunwayML搭载Gen-1和Gen-2模型

4.3.2　Runway操作流程与关键点

首先，启动 Runway 后，点击界面上的“Import”按钮或者拖拽文件到 Runway 界面中，导入我们想要处理的图片或视频素材，如图 4–5 所示。在 Runway 界面中，浏览可用的模型列表，选择契合需求的模型，如图像处理、视频效果、生成艺术等。

图4-5　Runway界面

其次，点击选定的模型。根据所选模型的要求调整参数和设置，以达到想要的效果。预览处理后的效果，根据需要进行调整。

最后，确定效果设置无误后，点击“Apply”按钮，让 Runway 开始处理素材，等待处理完成，查看最终效果。

使用Runway的关键点在于辨识Gen–1模型与Gen–2模型的差异。Gen–1 的核心功能包括视频生成视频、视频风格化等。Gen–2 的主要功能包括文本生成视频、提示词 + 图像生成视频等。需要特别注意的是，视频生成视频这一功能在 Gen-1 与 Gen-2 之间存在显著差异。

4.3.3 实例：在Runway上创作特效视频

在 Runway 上可以创作非常多样化的特效视频，例如，创作题目为“穿梭于未来城市”的作品，其中包含高科技元素和动态的光影效果。

首先，确定视频的主题和故事线，例如，未来城市的日常生活、交通系统等。之后，收集相关参考资料，如未来主义建筑风格、交通工具设计等。

其次，在 Runway 模型库中选择合适的特效视频处理模型，对一些需要个性化的模型进行训练或微调，以适应特定的视频素材。根据选定模型的要求调整参数和设置，以实现想要的特效效果。预览处理后的视频效果，调整参数直到满意。确认参数设置无误后，点击“Apply”按钮，让 Runway 开始处理视频特效。

最后，将最终的视频作品导出，分享到社交媒体、视频平台或个人作品集中。

此外，如果需要进一步编辑和后期处理，比如添加音乐、文字、过渡效果等，就将导出的特效视频导入视频编辑软件中，以完善视频作品。

这个案例展示了如何利用 Runway 增强视频的视觉效果，创造出具有未来感的特效视频。结合实际的视频素材和创意设计，即可创作出令人印象深刻的视觉作品。

第5章

其他工具：丰富AI文生视频生态

除前述所讲解的AI文生视频工具外，其他AI视频生成工具，如Clipfly、Stable Video和Emu Video已突破传统视频编辑界限，丰富了AI文生视频生态。这些工具能够提升视频质量，降低创作门槛，激发用户想象力。伴随着科技进步，AI在文生视频领域取得了稳步发展。例如，字节跳动公司推出了具有创新意义的MagicVideo-V2产品，引领了该领域的新发展趋势。这些创新工具预示着未来视频内容创作将更加智能化和个性化。

5.1 Clipfly：视频时长直逼Sora

恒图科技上线的AI视频产品Clipfly所生成的视频时长直逼Sora。这款革命性的视频编辑软件，融合了先进的AI生成与增强技术，将复杂的视频制作过程简化为一键式操作。随着技术的不断演进，Clipfly有望引领视频编辑新潮流，为用户带来更加智能化和沉浸式的创作体验。

5.1.1 价值分析：奇妙的AIGC功能

Clipfly是一款于2024年3月上线的先进视频编辑软件，融合了AI生成与增强技术，为用户提供了高效、便捷的AI视频创作与优化功能。该软件具备较高的效率与稳定性，能够满足用户在视频创作与编辑方面的需求，生成的视频最长可达40秒。

在传统视频编辑中，较高的专业技能要求和复杂操作过程往往令普通用户望而却步。然而，Clipfly通过简化操作流程并搭载智能化剪辑功能，使得用户即便毫无视频编辑经验，也能轻松应对。

此外，Clipfly 还支持多种视频格式和设备，无论是在电脑上还是移动设备上，用户都能随时随地进行视频编辑，大大节省了时间和精力。

Clipfly 的 AIGC 功能是其独特魅力所在。它能够自动识别视频中的关键帧和场景变化，实现智能剪辑和特效处理。同时，Clipfly 还支持语音识别和文字转视频等功能，用户可以轻松地将文字内容转化为生动的视频形式，进一步拓展了视频创作的边界。此外，Clipfly 具备丰富的媒体资源，方便用户融入创新元素，从而打造独具特色的视频。

在技术层面，Clipfly 通过双重策略实现了强大的功能。一方面，Clipfly 充分利用诸如 Stable Diffusion 等开源模型，并对其进行了精细化调优，从而实现了文字生成图像和视频的功能。另一方面，Clipfly 基于图像处理和计算机视觉算法，能够在终端设备上实现图片计算，从而显著提高处理速度。通过上述技术实现，Clipfly 旨在为用户提供更为丰富、优质的视觉内容生成体验。

随着 AI 技术不断发展和进步，Clipfly 的功能和性能将不断提升和完善。未来，Clipfly 有望实现更加智能化的视频编辑功能，如自动生成视频脚本和智能推荐素材等。同时，Clipfly 还将继续探索与其他技术的融合应用，如 AR/VR、3D 建模等，为用户带来更加沉浸式的视频创作体验。

5.1.2 如何通过Clipfly生成视频

Clipfly 集成了 AI 视频生成、增强、编辑等功能，覆盖整个视频创作流程，为用户提供一站式服务。利用 Clipfly 生成视频的步骤如下。

1. 选择提示词

打开 Clipfly 应用，进入视频生成界面。根据想要生成的视频内容，输入相关的提示词。这些提示词将指导 AI 模型理解创作者的创作意图。

2. 生成图像框

根据创作者提供的提示词，Clipfly 能够生成 1 ～ 4 个图像框。这些图像框是根据 AI 模型对视频内容的理解而生成的，展现了视频的核心画面。

3. 预览和调整图像框

在生成图像框后，创作者可以预览画面，确保它们符合预期。确认图像框无误后，点击相应的按钮，将这些图像框转化为 4 秒的视频片段。在这个过程中，Clipfly 会利用 AI 技术将静态图像平滑地转换为动态视频。

4. 生成多个视频片段

重复上述步骤，继续根据不同提示词生成更多的视频片段。每个片段都可以独立编辑和调整。

5. 添加字幕和音乐

使用 Clipfly 的字幕工具，可以为视频添加文字说明或对话。同时，可以导入背景音乐或音效，为视频增添情感或营造氛围。

6. 导出和分享

完成所有编辑工作后，点击“导出”按钮，选择合适的视频格式和分辨率。导出的视频可以直接分享到社交媒体平台，或者保存到本地设备。

通过这些步骤，用户可以利用 Clipfly 的强大 AI 功能，快速生成高质量的视频内容，同时享受便捷的视频编辑体验。随着技术不断进步，Clipfly 可能会推出更多创新功能，以满足创作者日益增长的需求。

5.2 Stable Video：视觉效果极佳

Stable Video 是 Stability AI 公司开发的 AI 视频产品。借助该产品，用户可以将文本或图像转换为短视频。Stable Video 搭载了两个图像到视频的算法模型，分别为 SVD（Singular Value Decomposition，奇异值分解）和 SVD-XT（SVD 的升级版）。

这两个模型具备将文本或图像转换为视频的能力，既能生成多种类型的视频内容，又能实现平滑无缝的视频过渡，呈现出流畅的视觉效果。

5.2.1 Stable Video：稳定创作

首先，Stable Video 具备出色的动态追踪能力，能够自动识别并追踪视频中移动的物体。同时，该产品具备卓越的稳定处理能力，可以有效消除视频中的抖动摇晃，进而使视频更流畅自然。

其次，Stable Video 具备图生视频与文生视频功能。用户可借助这些功能，将珍藏的记忆转化为动态影像，或依据个人创意，通过文字描述打造别出心裁、引人入胜的全新故事。这些功能极大地拓展了用户的创造与表达空间，为用户提供了更多元化的创作途径。

再次，Stable Video 具备内置资源库，涵盖各类表情符号、文字特效、滤镜等，用户可充分运用这些资源，为视频打造独特的视觉特效。值得特别关注的是，该软件具备动态文字效果制作功能，能够实现翩翩起舞的字幕、生动活泼的标题等效果，从而提升视频的视觉吸引力。并且，借助Stable Video 的稳定处理技术，用户能够轻松实现场景间的流畅切换。具体而言，在两个不同场景间添加渐变效果，可有效提升画面过渡的自然性与流畅度，为用户带来更为舒适的视觉体验。

Stable Video 还新增了镜头控制等功能，助力用户创作出高质量视频内容，用户无须具备专业技能或使用复杂软件。

最后，Stable Video 采取一致性感知扩散策略，用户只需提供文本描述，Stable Video 就能够自动进行编辑和稳定处理。这能够优化视频编辑流程，降低操作难度，用户无须手动干预就能便捷地生成高质量、稳定的视频作品。

5.2.2 Stable Video操作流程与关键点

进入 Stable Video 主操作界面后，在顶部的指令场景中选择图生视频或文生视频。中间为输入文字或上传图片的区域，跟 Runway 界面类似。

文生视频和图生视频（如图 5-1 所示）两个模块对应了两种不同的视频生成方式。

1. 文生视频

首先，用户需要输入提示词，这将在很大程度上决定视频风格。然后，用户需要选择视频的尺寸和风格。Stable Video 为用户提供了 3 种尺寸——16∶9、9∶16 和 1∶1，以适应不同的设备和场景。此外，Stable Video 还提供了 17 种视频风格。最后，用户可以根据需要对视频进行调整，包括修改尺寸、风格和图片。

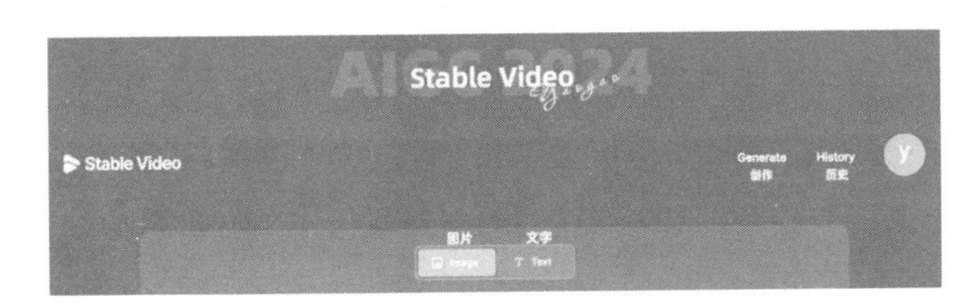

图5-1　Stable Video主界面

2. 图生视频

在主操作界面上传图片，并选择参数，如旋转、平移等，可根据需要选择运动镜头。之后，Stable Video 根据用户选择的参数生成视频。

总之，Stable Video 主操作界面为用户提供了丰富的功能，让用户能够轻松地将文字、图片转化为视频。通过灵活运用这些功能，用户能够创造出独具特色的视频作品。

5.2.3　感受Stable Video的创意新玩法

在数字化时代，表情符号逐渐成为人们日常生活中独特的沟通形式。伴随着科技不断进步，传统表情符号也得到了创新与拓展。Stable Video 利用表情符号，打造独特创意新玩法。

利用 Stable Video 的动态追踪技术，用户能够高效地将面部表情或其他元素与视频内容融合，进而创造出更生动的视频。此外，Stable Video 所拥有的稳定处理技术能够消除视频中的摇晃与抖动，从而使视频更加流畅自然。

Stable Video 的素材库可以为用户提供更多灵感，使视频内容更加丰富。Stable Video 的创意新玩法主要体现在以下几个方面，如图 5–2 所示。

1. 经典表情包续写

在视频制作过程中，用户可以将表情包与视频内容巧妙融合，创造出更加有趣的效果。

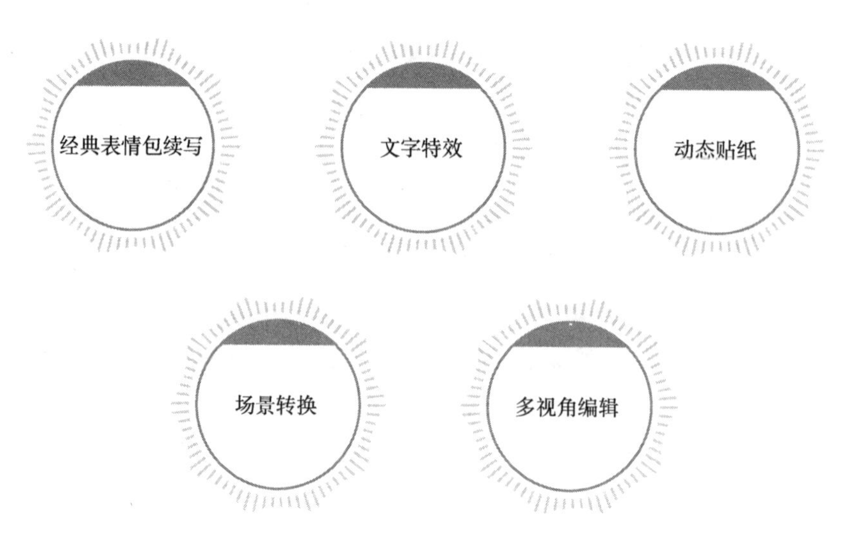

图5-2　Stable Video创意玩法的主要体现

2. 文字特效

用户可以使用 Stable Video 的文字特效功能，为视频添加动态文字效果，从而提升视频的视觉吸引力。

3. 动态贴纸

运用 Stable Video 的动态追踪技术，将贴纸与视频中的物体融合，从而使画面更生动有趣。

4. 场景转换

利用 Stable Video 的稳定处理技术，给不同场景之间添加特效，从而使画面过渡更为流畅和自然。

5. 多视角编辑

利用多视角编辑功能，将不同视角的素材整合，从而呈现出更为丰富的视觉效果。

5.3　Emu Video：Meta旗下新成果

Emu Video 和 Emu Edit 是 Meta 旗下的新成果，提供了强大的文本到视频生成和图像编辑功能，给用户带来全新创作体验。Emu Video 利用扩散模型，根据文本指令生成高质量视频。Emu Edit 则提供丰富的编辑工具，提升图像处理效率。这两款工具降低了创作门槛，激发了用户的创意。

5.3.1 优势：Emu Video功能大盘点

Emu Video 是一款基于扩散模型的文本到视频生成工具，它能根据用户提供的纯文本指令，生成分辨率高达 512×512、时长为 4 秒的视频。

Emu Video 采取分解式方法，将整个视频生成过程分为两个步骤，以实现更高效的视频生成。首先，根据用户提供的标题，生成一张相应的图片。然后，利用图片和文本提示，生成视频。这种流程设计不仅精简了视频生成步骤，还提高了训练高质量视频生成模型的效率。

Emu Video 可以提供精简且直观的视频剪辑功能，用户可以轻松地对视频片段进行裁剪、拼接，调整顺序以及删除不必要部分；内置多种转场效果，用户可以根据需求为视频片段添加流畅的过渡效果，助力用户轻松制作各类视频内容。

对市场上现有的文本到视频生成模型进行对比分析，Emu Video 以其卓越的视频品质和高度忠于文本提示的表现脱颖而出。在处理相对简单且以静态为主的场景中，Emu Video 展现出显著的专业优势。然而，在部分顶尖作品中，Emu Video 生成的内容仍存在一定问题，如奇特的物理现象、异常的肢体动作以及逻辑上的连贯性不足等。

总之，Emu Video 作为一款基于扩散模型的文本到视频生成工具，已经取得了显著的成就。未来，随着团队的不断努力和技术的不断进步，相信 Emu Video 将会为用户带来更加优质、高效的视频生成体验。

5.3.2 Emu Video操作流程与关键点

在使用 Emu Video 创作视频的过程中，用户需要遵循以下步骤，以确保视频的质量和效果。首先，用户根据 Emu Video 提示的选项，选择单词来创作图像，如图 5–3 所示。

其次，用户需要为图像添加动画效果。这一步骤旨在提升视频的视觉效果，使画面更加生动有趣。如图 5–4 所示，为图像添加动画效果，可以增强视频的吸引力，让观众更容易沉浸其中。在添加动画效果时，用户可以根据提示内容选择合适的动画，同时注意保持画面的连贯性和协调性。

图5-3　撰写提示

Animate your images

Pick an image to animate it

图5-4　为图像添加动画效果

最后，在完成以上两个步骤后，用户可以浏览生成的视频。用户可以对自己的作品进行全面检查，确保视频内容符合预期，没有遗漏或错误。在浏览过程中，如有需要，用户还可以对视频进行适当调整，以达到更好的效果。

5.3.3　必备“搭档”：Emu Edit

Emu Edit作为Emu Video不可或缺的协同工具，在图像编辑领域具有里程碑式的意义。Emu Edit 的实际操作如图 5-5 所示。

图5-5　Emu Edit的实际操作

这款强大的图像编辑工具不仅为用户提供了丰富的编辑功能，还为用户带来了更多的创作可能性。从图像处理到视频编辑，Meta 的革命性设计使其成为行业中的翘楚，重新定义了图像编辑的标准。

在图像编辑方面，Emu Edit 能够实现文本指令编辑、精确控制、多任务处理。

（1）文本指令编辑。Emu Edit 的核心在于其能够接受用户的自然语言指令，如“将背景变成蓝色的天空”“去掉图片中的人物”等，然后自动对图像进行相应的编辑。这种方式极大地简化了图像编辑流程，用户无须具备专业的图像处理技能，即可实现复杂的编辑效果。

（2）精确控制。在编辑过程中，Emu Edit 能够精确控制修改的区域，确保其他像素保持不变。这种精确控制能力得益于其强大的计算机视觉技术和深度学习算法。

（3）多任务处理。除了常见的图像编辑任务外，Emu Edit 还能完成物体检测和分割、图像构成元素检测和分割等复杂任务，并支持从局部到全局的编辑操作。

Meta运用了千万个合成数据集来训练Emu Edit，从而使其具备卓越的图像编辑性能。在这些数据集中，各个样本均包含图像输入、任务说明以及目标输出图像。这种训练方法使模型能够精确地执行指令，超越当前竞品。

Emu Edit注重用户体验，其直观友好的界面设计即使是新手也能够快速上手。通过简洁明了的操作界面和直观的编辑工具，用户可以轻松进行各种编辑操作，实现他们的创意想法。Emu Edit的设计理念是让用户专注于创作，而不是被复杂的操作流程所困扰。

Emu Edit作为Emu Video的得力"搭档"，其强大的编辑功能以及友好的界面设计，使其成为图像编辑领域的领先者，为用户带来了全新的创作体验和无限的创作可能性。随着Emu Edit不断发展和创新，用户有理由相信，它将继续引领图像编辑领域的潮流，为创作者带来更多惊喜和启发。

5.4 国内AI文生视频工具

在国内，AI文生视频工具正重塑内容创作边界。以BAT为代表的互联网巨头和创新创业公司不断推动技术进步，推出MagicVideo-V2等先进工具，提升文生视频质量和用户体验。这些工具正在改变内容生成方式，预示着更加智能化、个性化的未来。

5.4.1 BAT纷纷推出AI文生视频软件

BAT是我国3家互联网巨头的简称，分别是百度（Baidu）、阿里巴巴（Alibaba）和腾讯（Tencent）。

随着技术的发展，AI落地应用逐渐增多，涉及领域更加广泛，为企业带来了更多发展空间。

字节跳动在剪映App中搭载了AI视频生成系统，该系统有三大功能：视频自动剪辑，视频属性编辑，文字生成视频。视频自动剪辑多应用于直播领域，能够截取主播的有趣片段并发布；视频属性编辑可以对视频属性进行调整，包括视频分辨率、帧率等；文字生成视频指的是剪映 App 可以根据用户输入的关键词或一段话自动生成对应视频，还可以自动匹配视频素材，为用户节约寻找素材的时间。

字节跳动于 2016 年成立了人工智能实验室，致力于开发为内容平台服务的创新技术。随着 ChatGPT 的爆火，人工智能实验室将目光转向类似 ChatGPT 和 AIGC 相关应用的研发。

字节跳动与众多企业展开合作。例如，其与吉宏股份双向合作，将自主研发的 AIGC 技术运用到跨境电商的各个环节中；与天龙集团展开合作，让其代理自身旗下 App 的互联网广告销售业务。

字节跳动以其擅长的领域为布局点持续发力，深入探索 AI 视频生成领域，为用户带来更多的新鲜事物。

5.4.2 年轻创业公司的AI产品战略

AI 文生产品在国内市场正迎来前所未有的发展机遇。随着 AI 技术的不断成熟，AI 文生产品已经从单一的文字生成拓展到语音、图像甚至视频等多模态内容生成，为用户提供了更加丰富和多元的交互体验。在战略层面，国内年轻创业公司 AI 文生产品的发展战略呈现出以下几个显著特点。

1. 技术驱动创新

国内企业正加大在自然语言处理、计算机视觉等领域的研发投入，以推动 AI 文生产品的技术创新。例如，百度的文心一言、阿里巴巴的天池等模型在文本生成、图像识别等方面取得了显著成果。

2. 明确的市场定位

明确的市场定位有助于更好地满足用户群体的需求。例如，因赛集团推出 InsightGPT 的 AI 营销视频功能，旨在为广大品牌提供一套全面而深入的营销行业应用型文生视频解决方案。

3. 跨行业合作与生态构建

国内 AI 企业积极与传统行业合作，共同探索 AI 技术在垂直领域的应用。通过构建开放的生态系统，促进技术共享和创新，形成产业链上下游的良性互动。

4. 品牌建设与营销

强大的品牌影响力有助于吸引更多用户，提升市场竞争力。为提升品牌知名度，因赛集团采取线上线下活动、社交媒体营销等策略。例如，举办行业研讨会以展示 InsightGPT 的成功案例，同时在社交媒体上与用户保持互动，提高用户参与度。

总之，年轻创业公司的 AI 文生产品正处于快速增长期。企业需要不断创新技术，找准市场定位，同时积极响应跨行业合作与生态构建，进行品牌建设与营销，以实现可持续发展。

5.4.3 字节跳动：MagicVideo-V2大显身手

字节跳动旗下的视频生成模型 MagicVideo-V2，凭借其强大的功能和创新的编辑技术，为用户带来了全新的视频创作体验。

当前市场上流行的文本转视频工具如 Runway、Pika 等，虽然已经取得显著突破，但仍存在视频保真度不足、运动效果不自然、分辨率受限、风格单一等问题。鉴于此，字节跳动的研究团队致力于研发 MagicVideo-V2。

该视频生成模型集成了诸多技术，如文本转图像、视频运动生成器等，以实现高质量视频内容的生成。

首先，模型接受输入文本并生成一幅高分辨率静态图像。其次，通过视频运动生成器和参考图像嵌入模块将静态图像转变为动态视频。最后，借助插帧模块提高视频帧率，从而提升视频的流畅度。多阶段设计使得模型能够生成保真度高、平滑度佳的高分辨率视频。

MagicVideo-V2 支持多种视频效果和滤镜，用户可以根据自己的喜好和创作需求，轻松实现视频的个性化编辑。无论是复古风格、未来感还是艺术滤镜，MagicVideo-V2 都能满足用户需求。与其他模型相比，MagicVideo-V2 生成的视频展现出显著优势，尤其在角色形体、层次感、奇幻背景等方面表现卓越，如图 5-6 所示。

图5-6　MagicVideo-V2与其他模型生成的视频对比

字节跳动的研究人员为确保模型性能，展开了大规模的用户评估活动。他们邀请了众多用户对该模型及其他模型生成的视频进行对比评估，并给予相应评分。

分析表明，相较于其他模型，MagicVideo-V2所生成视频的质量和文本描述契合度较高，同时具备美感和动态感。在各项评价指标上，该模型的表现显著优于其他模型，从而确立了在文生视频领域的优势地位。

字节跳动的MagicVideo-V2凭借其强大的功能和创新的编辑技术，为视频编辑领域带来了新的突破。它为用户提供了一种全新的视频创作方式，使用户可以通过文字来表达自己的想法与情感。

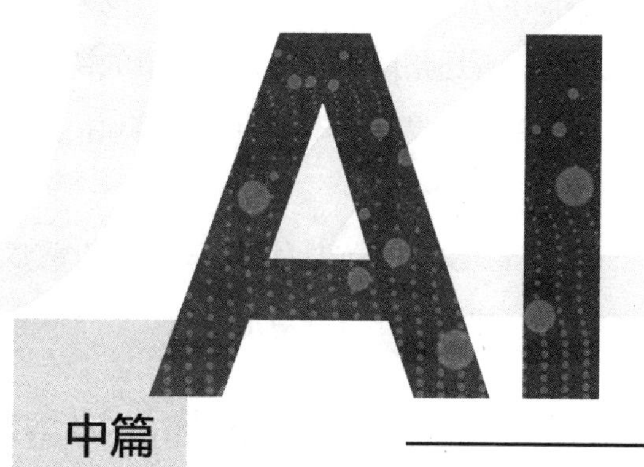

中篇

掌握 AI 文生视频创作

第6章

脚本设计：有好脚本才有好视频

作为信息传播的重要载体，视频的影响力和吸引力日益增强。无论是娱乐、教育还是商业宣传，高质量的视频内容都离不开精心策划的脚本。脚本如同视频的灵魂，不仅指导表演和拍摄，还是情感与思想的载体，将观众带入生动的故事中。

ChatGPT 等工具作为 AI 技术的重要应用，为脚本创作带来了革命性的变化，使得创作过程更加高效。

6.1 脚本：视频创作的神奇口令

在当今快节奏的信息时代，视频作为一种直观且富有表现力的媒介，已经成为人们获取信息、表达观点和娱乐休闲的重要方式。视频创作，尤其是高质量的文生视频，不仅需要紧跟社会潮流，精准把握观众的兴趣点，还需要精心策划的主题、引人入胜的脚本以及巧妙的镜头安排。

在这样一个技术与创意交织的时代，学会有效利用 AI 工具进行脚本创作，视频制作者能更轻松地开启全新的创作之旅。

6.1.1 策划主题要跟上形势

创作者在利用 AI 工具进行脚本设计时，要确保策划主题跟上形势，这一点至关重要。随着社会的不断发展和变化，人们的关注点和审美标准也在不断演变，因此在创作文生视频的脚本时，创作者需要考虑当前的社会和文化背景，把握时代脉搏，使作品更具时效性和吸引力。

InsightGPT 助力策划的文生视频主题跟上形势，为文生视频的创作提供了全新的思路和灵感。通过利用 InsightGPT 这一强大的语言模型，创作者可以更深入地挖掘主题背后的内涵，把握时代潮流，使文生视频作品更具前瞻性和吸引力。

InsightGPT 的智能分析和生成能力可以帮助创作者快速获取关于当前社会热点、文化趋势和人们关注的话题的信息，从而更准确地把握观众的兴趣点和需求。通过与 InsightGPT 互动，创作者可以获得深入的洞察和启发，设计出更具创意和深度的文生视频主题。

此外，InsightGPT 还可以帮助创作者优化文生视频的脚本和对白，使其更具表达力和感染力。参考 InsightGPT 提供的建议，创作者可以打磨出更加流畅和精彩的文本内容，增强作品的观赏性和影响力。

综上所述，创作者在策划视频主题时，要跟上形势，把握时代脉搏，结合时事热点和受众需求，利用 AI 技术提高创作效率和创意水平，从而创作出更具时代感和观赏性的作品。

6.1.2　脚本指导视频拍摄

脚本在视频创作过程中起着至关重要的作用，可被视为整个视频制作过程的指南和灵魂。脚本的作用有以下几点，如图 6–1 所示。

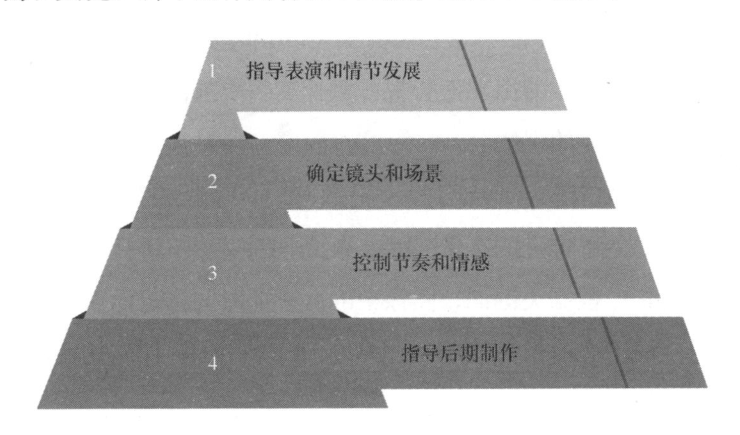

图6–1　脚本的作用

1. 指导表演和情节发展

脚本包含了对话、动作和情节的描述，指导如何表演并推动故事情节发展。

2. 确定镜头和场景

脚本中的描述可以帮助导演和摄影师确定镜头构图和场景设置，为拍摄提供方向。

3. 控制节奏和情感

脚本中的节奏和情感元素可以影响视频的节奏和氛围，帮助创作者传达想要表达的情感和情绪。

4. 指导后期制作

脚本中的描述和指示可以为后期制作提供方向，包括音效、剪辑和特效的添加。

脚本从以下几个方面指导视频拍摄。首先，脚本应详尽地描绘场景，包括场景布置、角色动作及对白，以便导演与摄影师明确拍摄需求。其次，脚本应提供镜头指示，如特写、中景、远景等，助力摄影师理解拍摄视角与构图。再次，脚本需关注情感与节奏的控制，通过描述角色情绪与行为，影响视频氛围与节奏。拍摄前，导演与摄影师应深入沟通脚本内容，探讨各场景的拍摄方法与表现手法，确保脚本要求得到准确理解与执行。最后，在拍摄过程中，依据实际情况与创意灵感，灵活调整脚本，使之更契合拍摄现场的需求与状况。

AI 文生视频软件具有一键生成脚本和视频的功能，极大地简化了视频制作的流程。这种技术的出现使得视频创作变得更加高效和便捷，让更多人能够轻松创作出优质的视频。

例如，创作者借助 InsightGPT，输入关键词，便可生成脚本和视频镜头。InsightGPT 运用先进的扩散模型，配备时序生成模块与文本控制模块，以生成图像元素。根据关键词，图像中的元素随时间推进而产生相应运动与变化，最终生成动态的视频帧序列。模型训练采用了 3 层架构，确保视频的品质和审美价值。

此外，该模型具备优化视频质量的能力。借助基于深度学习的插帧技术，该模型能够学习并理解视频内容的位置、运动方向及速度，进而预测并生成中间帧，从而提升视频的流畅度。为了提升视频的分辨率与清晰度，该模型采用先进的视频超分技术，对视频帧中的高频信息进行提取与重新合成。

6.1.3 谨慎安排分镜头脚本

分镜头脚本在视频创作过程中具有举足轻重的地位，它是将文字描述转化为视觉画面的重要工具。分镜头脚本堪称一部操作手册，它全面而细致地描绘了视频制作的整个流程。通过精确的文字描述，分镜头脚本构建了一系列生动且连贯的场景镜头，为视频制作提供了坚实的基础和明确的指引。

传统分镜头脚本的编写由创作者完成，能够较好地掌控内容表达和保持创作者个人风格。然而，这种方法不仅耗时耗力，而且由于创作者的个人经验和创作能力有限，有时难以产生独特创意和多样化内容。

借助 ChatGPT 智能生成分镜头脚本，有助于快速构思和编写分镜头脚本，从而节省创作者的时间和精力。同时，ChatGPT 生成的内容可能为创作者带来新的灵感和创意，拓宽创作视野。ChatGPT 还能生成各种风格和场景的分镜头脚本，满足不同视频创作需求。

但借助ChatGPT生成的分镜头脚本可能缺乏个性化和独特性，难以完全符合创作者的个人风格和需求。并且，生成的内容可能需要进一步调整，以符合具体拍摄需求和创作风格，增加了后续处理的工作量。

综上，创作者可以根据实际需求和创作风格选择合适的方式创作分镜头脚本，也可以结合两种方式，发挥各自优势，提升视频制作效率和创意水平。

6.1.4 标题：突出视频的主题

标题在视频中扮演着至关重要的角色，它是视频的门面，是观众第一眼看到的信息，能够直接影响观众对视频的第一印象。标题主要有以下几个作用，如图 6-2 所示。

（1）吸引观众注意力。一个好的标题可以立即吸引观众的注意力，让他们对视频产生兴趣，提升点击率和观看率。

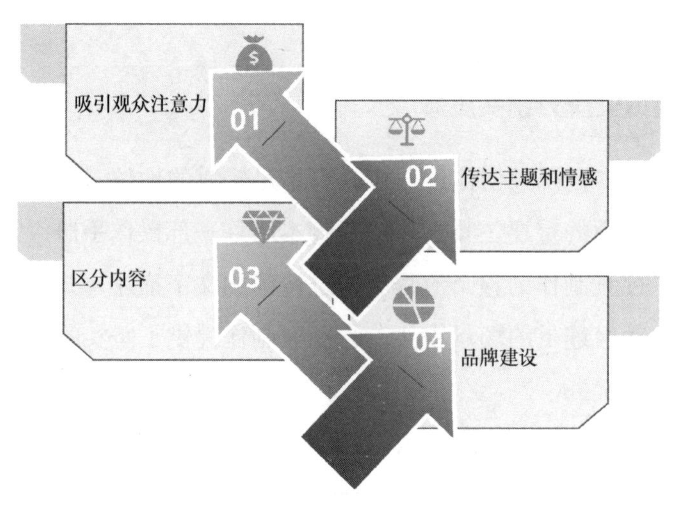

图6-2 标题的作用

（2）传达主题和情感。标题是视频内容的概括，能够传达视频的主题、情感和核心信息，帮助观众更好地理解视频内容。

（3）区分内容。一个独特而具有代表性的标题可以让视频在众多内容中脱颖而出，帮助观众记住和区分这个视频。

（4）品牌建设。一个好的标题能够帮助视频内容建立品牌形象，让观众对视频内容和创作者有更深的印象。

创作者在构思标题时，要选择能够突出视频独特主题的词语或短语，使标题具有独特性和吸引力。并且，标题应该简洁明了，能够直接表达视频的主题，触动观众的情感。最重要的是，标题应该与视频内容紧密契合，准确传达视频的核心信息和主题，避免误导观众。

精心设计一个能够吸引观众、准确传达视频主题和情感的标题，可以提升视频的吸引力和传播效果，让观众更愿意点击观看。

6.1.5 如何依靠ChatGPT轻松写脚本

ChatGPT 是 OpenAI 推出的大语言模型，具有强大的文字生成能力，许多用户在试用 ChatGPT 后都给出了较高的评价。ChatGPT 在文字创作方面大有可为。

ChatGPT 的发展使众多企业看到了 AIGC 在文本内容生成方面的潜力，但除了能够生成文本之外，ChatGPT 还可以自动生成图片、音频、视频。

以生成视频为例，ChatGPT 可以胜任撰写视频脚本的任务。曾经有用户询问 ChatGPT 的 AI 客服是否能写一段时长在 30 秒内，可以快速传播的视频脚本，ChatGPT 很快给出了答案——以“梦想”为主题，并给出了音乐、标签和时长等关键点。

ChatGPT 能够激发灵感和创意、实现内容扩展、优化脚本等，有视频脚本撰写需求的用户可以通过以下步骤，利用 ChatGPT 轻松写出视频脚本。

（1）选题确认。用户可以将自己的定位、目标用户以及需求发送给 ChatGPT，使 ChatGPT 生成的内容更加准确。例如，用户可以输入“我是一名抖音创作者，我的目标用户是 20 岁左右的大学生，请为我提供几个具体的能够拍摄 1 ～ 3 分钟短视频的选题”。如果 ChatGPT 提供的选题不够有趣，用户还可以要求 ChatGPT 重新生成。

（2）罗列大纲。在确定选题后，用户可以利用 ChatGPT 罗列大纲。例如，用户可以输入“请帮我罗列视频大纲，分为开头、中间和结尾。开头需要吸引观众目光，中间需要有干货内容，结尾则需要对内容进行总结”。如果用户对于内容不满意，可以利用 ChatGPT 多次生成，直到满意为止。

（3）去 AI 化。ChatGPT 生成的大纲只能作为初稿。虽然 ChatGPT 生成的内容已经足够全面，但是仍有一些缺陷，如文本不够口语化、内容比较死板等。用户可以根据自身需求对内容进行微调，以更加贴近自己日常的短视频风格。

（4）编写脚本。用户可以输入修改后的大纲，并要求 ChatGPT 根据大纲编写具体的脚本。用户在拿到脚本后，可以根据自身需求进行删减。这样，一个优质的短视频脚本便诞生了。

利用 ChatGPT 编写脚本能够节约用户时间，使用户有更多精力去研究视频的拍摄，从而创作出更加优质的视频，提高视频播放量。

6.2 不同脚本的设计技巧

脚本是视频内容创作的重要组成部分，好的脚本如同磁石，吸引着观众的目光，触动他们的心灵。创作者应掌握不同脚本的设计技巧，根据自己的需求和创作风格，确定脚本类型，并打造出具有独特性和吸引力的脚本。

6.2.1 娱乐类脚本：幽默、风趣很重要

创作者在设计娱乐类脚本时，幽默和风趣是非常重要的元素，能够吸引观众、增加趣味性，并让观众享受观看的过程。以下是一些要点，如图 6-3 所示。

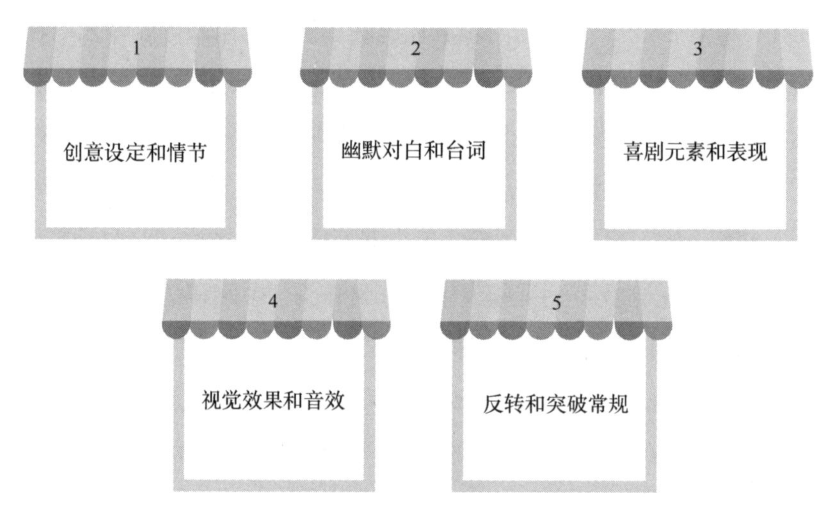

图6-3 设计娱乐类脚本的要点

1. 创意设定和情节

创作者应构建出奇特且引人入胜的设定或背景，激发观众的新鲜感和好奇心；构思出出乎意料的情节转折与反转，为观众带来欢笑。

2. 幽默对白和台词

在角色设计中，创作者编写富有幽默感和趣味性的对话，巧妙运用双关语、谐音及俏皮的言辞，能够提升对话的诙谐程度。同时，需确保对话与角

色的性格和身份相符。

3. 喜剧元素和表现

创作者应构思一系列富有趣味且紧凑的情节，通过夸张与滑稽的手法打造笑点；规划角色间的性格冲突及互动，制造笑料与情节高潮。

4. 视觉效果和音效

创作者应设计搞笑的场景和视觉效果，让观众在视觉上得到满足；选择合适的音效和音乐，增强幽默效果，让观众更容易产生共鸣和笑声。

5. 反转和突破常规

创作者应颠覆传统，构建与观众预期相反的情节与结局。通过反转思维和挑战既有观念，营造出意想不到的幽默氛围。

设计娱乐类脚本，幽默和风趣是吸引观众的关键因素。通过创意的设定、幽默的对白、滑稽的表现和视觉效果，观众可以在欢乐的氛围中对视频产生深刻印象。

6.2.2 影视解说类脚本：精练地总结剧情

在影视解说脚本创作中，精练概括剧情是关键，有助于观众快速理解作品核心。以下是一些建议，供创作者参考。

1. 概括主题和情节

在开头部分应简洁明了地表达影视作品的主题和核心信息，并用简洁的语言概括影视作品的主要情节，突出关键转折和高潮部分。

2. 突出关键信息

创作者应强调影视作品中的关键信息和重要情节，让观众能够快速理解剧情。在总结剧情时，要突出影视作品所传达的情感和主题，让观众更容易产生共鸣。

3. 语言简洁明了

避免冗长和繁复的叙述，让信息传达更加清晰。选择恰当的词语和表达方式，准确传达剧情要点，避免信息混淆或误解。并且，创作者需要有自己的写作思路，避免流水账式的表述。

4. 节奏和结构流畅

在总结剧情时保持流畅的节奏，避免过于紧凑或松散。创作者需合理安排剧情总结的结构，确保条理清晰，易于观众理解。

5. 强调亮点和特色

强调影视作品的亮点和特色，让观众对作品产生兴趣。如果有独特的创意元素或视觉效果，也要在总结中凸显，以吸引观众目光。

影视解说类脚本能够精练概括剧情，使观众能迅速把握影视作品的核心要义及情节走向，从而优化其观影体验。此外，精练地总结剧情能够让观众在短时间内获取到关键信息，增加对影视作品的兴趣和理解。

6.2.3 短剧类脚本：有冲突才有看点

对于短剧类脚本，冲突元素的重要性不言而喻。以冲突为基础构建脚本，即通过制造冲突及提供解决方案来推动剧情发展。此类脚本一般包含一个核心纠纷或难题，剧情发展依赖于角色之间的争论或较量。这种叙事结构往往能够营造出紧张的氛围，从而吸引观众的关注。以下是一些建议，旨在协助创作者设计出具有冲突元素的短剧类脚本。

1. 明确角色设定和目标

创作者应为每个角色设定独特的性格特点和目标，让他们在故事中有明确的动机和行为。角色之间的冲突源于他们的性格、目标或价值观的冲突，这可以增加故事的真实感和张力。

2. 设置情节冲突

创作者借助构建矛盾与对立，创造角色间的冲突，从而增强故事的戏剧性，使角色之间的利益角逐成为推动故事发展的动力，激发观众的好奇心，营造紧张氛围。

3. 高潮和转折

在故事发展的关键时刻设置高潮冲突，让观众期待剧情的发展和冲突的解决。此外，还要设置意想不到的情节转折和反转，让故事更加扣人心弦。

4. 情感冲突和发展

展现角色内心的矛盾和挣扎，让观众更易产生共鸣和情感连接。创作者通过展示冲突的解决和角色的成长，从而表现情感发展和故事的深度，让观众产生情感上的共鸣。

5. 结局和反思

在故事结局解决冲突，给观众一个满意的体验，同时留下一些反思和启示，增加故事的深度和影响力。

科大讯飞推出的星火认知模型，为创作者创作短剧类脚本提供助力。这一模型的推出，无疑为创作者带来了更为高效和精准的创作工具，有助于他们在短剧创作领域取得卓越的成绩。

借助星火认知模型的深度学习能力，创作者能够深入挖掘角色心理、情感表达以及剧情发展等方面的细微之处，从而使短剧脚本更为有趣和生动。

在角色塑造方面，星火认知模型助力创作者深入挖掘角色的性格特质、行为模式及情感波动，进而打造出更为立体、丰满的角色形象。通过模型的智能分析，创作者可以准确把握角色的内心世界，使得角色更真实。

在剧情构建上，星火认知模型可以根据已有的剧情线索和角色关系，预测并生成新的情节。这使得创作者能够灵活调整剧情走向，确保短剧的故事情节紧凑、引人入胜。同时，模型还可以根据观众的反馈和喜好，为创作者提供有针对性的优化建议，进一步提升短剧的观赏体验。

通过精心设计冲突，短剧类脚本可以吸引观众的注意力，营造出紧张刺激的氛围，将观众带入故事中。冲突是推动故事发展的关键，也是观众关注的焦点，能够为短剧带来更多看点。

6.2.4 科普类脚本：体现专业性

创作者设计科普类脚本时，体现专业性是至关重要的，这有助于确保信息的准确性、可信度和专业性。以下是一些关键点，可以帮助创作者在科普类脚本中展现专业性。

1. 准确的信息传达

使用可靠的资料和权威来源的信息，确保所传达的信息准确无误。在适当情况下使用科学术语，但要确保对观众友好和易于理解。

2. 清晰的逻辑结构

创作者按照逻辑顺序组织信息，确保观众能够理解信息的发展脉络和关联性。使用清晰的段落结构和标题，帮助观众更好地理解和吸收信息。

3. 专业风格和用语

创作者应当运用专业领域的词汇和表达，以彰显专业素养和权威性。同时，尽量采用简洁明了的措辞来阐述复杂理念，确保观众能够轻松理解。

4. 案例和实例

创作者可以通过案例分析或实例说明，让抽象的科学知识更加具体，帮助观众更好地理解。展示科学知识在实际生活中的应用场景，增强观众对信息实用性的认识。

例如，创作者在编写精神科知识科普脚本时，首要任务是阐述精神疾病的发生原因。紧接着，创作者需要关注精神疾病对患者日常生活的影响。例如，常见的症状可能包括情绪波动、焦虑、抑郁、失眠等，这些症状不仅影响患者的心理健康，还可能对其工作、学习和社交生活产生严重影响。详细描述这些影响，可以使观众更直观地了解精神疾病的严重性和治疗的必要性。

此外，在脚本中还可以介绍一些常见的精神疾病，如抑郁症、焦虑症、精神分裂症等，并解释疾病的典型症状、诊断方法和治疗方案。这有助于观众对精神疾病有更全面的认识，从而消除对精神疾病的误解和偏见。

在科普脚本中，创作者还可以强调预防精神疾病的重要性并提供相应的建议。例如，保持健康生活方式、学会有效应对压力、及时寻求专业帮助等，都是预防精神疾病的有效措施。通过提供这些实用的建议，创作者可以帮助观众更好地保护自己的身心健康。

最后，创作者还可以呼吁社会各界关注精神疾病患者，为他们提供更多的支持和帮助，包括提供心理咨询服务、建立支持团体、推动相关政策的制定等。

6.2.5 哲理类脚本：讲述深刻道理

设计哲理类脚本，讲述深刻道理是至关重要的，这可以通过情节、对话和人物行为等来实现。关注以下要点，创作者可以设计高质量的哲理类脚本并讲述深刻道理。

1. 选择主题

创作者应选择有深度的主题，如人生意义、爱与奉献、友情与忠诚等。

2. 人物设定

创作者应当塑造具有生动性和复杂性的人物形象，以引发观众的情感共鸣。同时，通过讲述人物的经历与成长，展现主题背后的深刻哲理与哲学思考。

3. 情节设计

创作者需设置冲突和转折点，让故事更具张力和戏剧性，引发观众的思考和共鸣。可以在故事高潮部分展现主题的深刻内涵，并通过情节发展解决问题或传达启示。

4. 对话和对白

创作者应设计富有内涵和深度的对话，让人物之间的交流传达出主题所蕴含的深刻意义。运用隐喻、象征和比喻等修辞手法，可以增强对话的深度和意蕴。

5. 情感表达

创作者通过设置人物的情感表达和行为，引发观众的情感共鸣，让观众深入思考主题。在故事情节中创造情感高潮，让观众更深刻地体会到主题所传达的道理。

6. 结局和启示

在故事结局部分，通过人物的成长和情节发展，传达主题的深刻启示和哲理思考，同时留下一些想象空间，让观众自行思考和体会故事背后的深层意义。

例如，在公益广告《帮妈妈洗脚》的脚本设计中，创作者呈现了一位母亲在为儿子讲述完小鸭子故事之后，起身为婆婆端洗脚水。目睹此景的儿子，效仿母亲的举动，为母亲端洗脚水，母亲对此深感欣喜。该脚本通过展示孩子为母亲洗脚的温馨画面，传达了母爱的无私和伟大。同时，母亲以自己的实际行动为孩子树立榜样，正如广告中所传达的，父母实为子女最好的老师。

6.3 写脚本的6个关键点

本节将探讨如何在脚本中提供重要的背景信息，保证词语的多样性和灵活性，采用故事化的叙述方式，注重情感与氛围的打造，运用比喻和拟人手法，以及描绘物体的运动轨迹，以提升脚本的吸引力和艺术表现力。掌握这些关键点，创作者能够编织出引人入胜的故事，触动观众的心弦。

6.3.1 提供重要的背景信息

在写脚本时，提供背景信息是至关重要的，这有助于观众更好地理解故事的背景、角色的行为动机以及故事发展的脉络。

首先，创作者在脚本中需要介绍主要角色的基本信息，包括性格特点、职业、家庭背景等，让观众对他们有更深入的了解。并且，需要描述角色之间的关系，如家庭关系、友情、爱情等，帮助观众理解角色之间的互动与冲突。

其次，明确故事发生的时间和地点，让观众了解故事背景，帮助他们更好地融入故事情境。如果故事发生在特定历史时期或背景下，还要提供必要的历史背景信息，让观众了解故事发生的环境。

再次，介绍故事发展的前因后果，让观众明白故事中的事件和冲突是如何产生和发展的。提供关键事件的背景信息，让观众了解事件的重要性和影响，帮助他们更好地理解故事情节。

最后，明确故事的主题和核心信息，帮助观众理解故事所要传达的意义和价值观。描述故事的目的和意图，让观众了解创作者创作这个故事的初衷。

此外，在背景信息中暗示未来可能发生的情节或转折，为故事后续发展埋下伏笔；揭示角色的秘密或隐藏的背景信息，可以增加故事的神秘感和吸引力。

提供重要的背景信息可以帮助观众更好地理解故事情节和角色，从而更深入地投入故事中。背景信息是故事发展的基础，也是观众理解故事主题和意义的关键。

6.3.2 保证词语的多样性和灵活性

保证词语的多样性和灵活性可以让脚本更加生动、吸引人，提升整体表现力。

首先，创作者在描述同一个概念或物品时，应尝试使用不同的词语和表达方式，避免重复使用相同的词汇。创作者还可以利用同义词和近义词替换常用词汇，增加表达的多样性和丰富性。

其次，尝试使用不同的句式结构，如简单句、复合句、并列句等，增加句子形式的多样性和表达的灵活性。运用修辞手法；如比喻、拟人、排比等，使句子更加生动，增加脚本的表现力。

再次，创作者可以根据场景和人物特点选择合适的词语，保持局部与整体氛围的一致性。根据情感色彩和语气的需要灵活选择词语，使表达更加贴近情感需求。

最后，创作者应尽量避免过度使用特定短语，以免显得生硬和呆板。确保词语的替换和变换不影响整体叙述的连贯性和流畅性。

此外，创作者还可以适当引用典故、名言或文学作品中的句子，增加文本的内涵和深度。有时还可以借鉴文学作品的表达方式，丰富自己的写作风格和词汇选择。

6.3.3 故事化的叙述更有吸引力

在创作脚本时，故事化的叙述方式往往能够赋予作品更强的层次感与吸引力，使观众更容易投入剧情中。

故事化的叙述要求创作者更加注重角色的塑造和情节的推进。通过细腻的描写和生动的对话，创作者可以塑造出立体而鲜活的角色形象，从而引发观众强烈的情感共鸣。同时，创作者还需要在情节安排上巧妙设置悬念和冲突，以吸引观众的注意力并推动剧情的发展。

除了角色和情节之外，故事化的叙述还需要创作者关注故事整体的逻辑性和连贯性。创作者需要确保故事的各个部分能够顺畅衔接，形成统一的整体。这样不仅能够提升观众的观看体验，还能使故事更具说服力和感染力。以《舌尖上的中国》中"春笋"这一主题脚本为例，整个故事编排和呈现过程皆围绕春笋的特性展开，描绘了挖笋人辛勤劳作，为餐馆提供新鲜食材的过程。然后展示了餐馆根据加工工序处理春笋的画面，让观众体验当地的风土人情。

总之，故事化的叙述是提升脚本吸引力的关键所在。通过精心打造角色、情节和故事结构，创作者能够创作出更加引人入胜的作品，让观众在观看的过程中获得愉悦的体验和启发。

6.3.4 注意情感与氛围的打造

在写脚本时，注意情感与氛围的打造是非常重要的。

首先，创作者要明确故事的主题和情感基调，如温馨感人的亲情故事、扣人心弦的悬疑推理故事。情感基调能够决定整个故事的走向。

其次，要注重细节描写。通过细腻的笔触，描绘出角色的内心世界、环境氛围以及情节的转折。例如，在描述一个悲伤的场景时，创作者可以运用比喻、拟人等修辞手法，将角色的悲伤情感具象化，让观众感同身受。

最后，节奏把控也是关键。在故事中，情感与氛围的打造需要有一个合适的节奏，过于急促或过于缓慢都会影响故事的吸引力。创作者要根据情节发展的需要，合理安排情感与氛围的变化，使故事更加引人入胜。

创作者应当确保角色情感表达真实且自然，以便观众能够共情并理解角色的内心世界。同时，创作者可以适当设置角色间的情感冲突与矛盾，以增强故事的张力和吸引力。

在构建对话时，创作者应注重展现角色的情绪变化，使观众能够真切感受到角色内心的波动与转变。通过精心选择词汇，创作者能够准确表达角色情感，从而营造出情感饱满的对话场景。

总之，在写脚本时，创作者需要综合考虑情感、氛围、视觉效果、情节等多个方面，以打造出引人入胜的故事。

6.3.5 通过比喻和拟人提高动态感

在写脚本的过程中，巧妙运用比喻和拟人的修辞手法，不仅能增强文本的动态感，还能使故事情节和角色形象变得鲜明，使故事更加引人入胜。通过比喻，创作者可以将抽象的概念具体化，将复杂的事物简单化，从而让观众更易于理解和接受。通过拟人，创作者可以使故事中的物品、动物甚至自然现象充满生命力。

例如，在描述一个角色的心理状态时，创作者可以运用比喻来增强动态感。比如，"他的心情如同过山车一般，忽上忽下，难以捉摸"。这样的比喻，将角色的心情变化比喻为过山车的上下起伏，使原本难以描绘的心理状态变得生动可感。

再如，在描述一场暴风雨时，创作者可以运用拟人手法来增强动态感。比如，"暴风雨像个愤怒的巨人，挥舞着雷电的拳头，猛烈地捶打着大地"。这样的拟人化描写，使得暴风雨不再是一个简单的自然现象，而变成一个充满力量和情感的角色，使得整个场景更加生动和震撼。

运用比喻和拟人的手法，创作者可以在写脚本的过程中创造出更具动态感和生动性的故事情节和角色形象。这样的脚本不仅能够吸引观众的眼球，还能够激发他们的想象力和情感共鸣，让故事更加深入人心。

6.3.6 描绘物体的运动轨迹

在脚本中描绘物体的运动轨迹是为了让观众更清晰地理解场景中物体的动态变化。

在描述物体的运动轨迹时，首先，创作者需要明确物体的起始位置和目标位置，让观众了解物体的移动方向和目的地。此外，创作者可以使用丰富的动词描述物体的不同运动方式，如飞奔、滑行、旋转等，让观众感受到物体的动态变化；还可以通过形容词修饰物体的运动状态，如迅速、优雅、灵活等，增强动态感和情感色彩。

其次，创作者可以对时间线索和空间感受两方面进行描写。描述物体的运动轨迹时，可以加入时间线索，表明运动速度和持续时间。通过描绘物体在空间中的移动路径和方向，让观众感受到场景的空间布局和动态变化。

再次，创作者可以通过不同角度的描述和视角切换，展现物体运动的全貌和细节，增强场景的立体感和真实感。在脚本中，创作者可以使用镜头切换的方式，从不同的视角展示物体运动的多个阶段和不同细节。

最后，通过描绘物体的运动轨迹，展现人物内心的情感变化，增强场景的戏剧性和感染力。利用物体的运动轨迹营造特定的氛围，如紧张、轻松、悲伤等，增强场景的氛围感。

通过生动描绘物体的运动轨迹，创作者可以让观众更好地理解场景中物体的动态变化，增强故事的视觉效果和吸引力。

第7章

素材选择：创作视频也要有图片

图片是视觉叙事的重要元素，在视频创作中扮演着不可或缺的角色。它们可以是故事发展的线索，也可以是情感传递的桥梁。选择恰当的图片素材，不仅能够丰富视频的内容层次，更能提升观众的观看体验，使他们在流动的影像中感受到更加细腻、深刻的情感共鸣。本章将深入探讨如何精心挑选、合理搭配图片素材，以实现视觉上的和谐统一，强化视频的情感表达，深化视频的内涵与意境。

7.1 图片转视频的魅力

图生视频软件的兴起为内容创作带来了革命性的变化。在使用图生视频工具时，创作者要注意图片风格、图片数量，还要确保图片清晰。此外，图片的版权问题至关重要。创作者必须审慎选择图片素材，确保所选图片不涉及任何版权纠纷，以保障所生成的视频内容符合法律法规和版权要求。

7.1.1 谨慎选择图片的风格

在使用 AI 文生视频软件将图片转换为视频的过程中，选取恰当的图片风格尤为重要，这直接关系到视频的整体视觉效果。在挑选图片时，创作者应遵循以下要点。

首先，创作者选择的图片风格应与视频的主题和内容相符，确保风格统一，以营造统一的视觉感受。并且，创作者选择的图片应清晰明亮，这样可以使生成的视频观感更好、更有吸引力。

其次，在整个视频中保持图片风格一致，避免风格突变或不协调，影响整体视觉效果。

最后，不同年龄段和文化背景的观众可能对图片风格有不同的偏好，创作者需要了解视频的目标受众，选择他们喜欢或容易接受的图片风格。

随着AI技术不断发展，AI文生视频软件也在不断升级和优化。创作者应关注软件的更新和升级，以便利用最新的技术和功能来制作更优质的视频。

7.1.2 图片的数量要合理

在使用AI图生视频工具时，图片数量的合理安排对于制作出流畅且内容丰富的视频至关重要。

首先，根据视频的内容和长度来确定所需图片数量。确保每个关键信息或场景都有相应的图片支持，避免图片过多或过少，导致信息传递不充分或视频过于单调。

其次，图片的切换速度会影响视频的节奏感。在需要强调或展示重要内容时，可以适当减慢图片切换速度；而在过渡或补充信息时，可以加快图片切换速度。合理控制图片切换速度可以使视频的节奏保持平衡。

再次，为避免观众产生审美疲劳，创作者可以通过变换图片风格、角度和构图来增加视觉多样性。同时，避免在短时间内重复使用相似的图片，以免削弱视频的吸引力。

最后，考虑到AI文生视频工具的性能和处理能力，过多的图片可能会导致视频生成速度慢或质量下降。因此，在满足内容需求的前提下，尽量减少图片数量，以提高视频生成的效率和质量。

在实际操作中，创作者可以先制作一部分视频片段，测试不同图片数量对视频效果的影响。然后根据反馈进行调整，找到最佳的图片数量平衡点。

7.1.3 清晰度和版权是关键点

在运用图生视频工具过程中，保证图像清晰度尤为关键。输入图像的像素越高，所生成视频的品质越佳。Pika对输入图片大小的限制为10M，默认一次性生成3秒的视频，生成后可额外增加4秒，累计达到7秒后还可继续增加4秒。此外，生成的视频还可进行一次放大处理。

近年来，伴随着扩散模型的迅猛发展，视频生成领域取得了显著的成果。然而，在语义精度、图像清晰度和时空连贯性方面，该领域仍面临一系列挑战。

阿里巴巴开源基座大模型I2VGen-XL，该模型是一种先进的级联扩散模型，旨在实现高质量图像至视频的精准合成。

运用该模型生成视频包含两个阶段。

1. 基础阶段

采用两个层次化的编码器，以捕捉输入图像的高级语义和低级细节，从而确保生成的视频语义连贯并保持内容原貌。

2. 细化阶段

借助额外的简短文本提示，对视频细节进行优化，并将分辨率提升至1280×720。此阶段采用独立的视频扩散模型，致力于生成高清晰度的视频。

在选取图片时，除关注清晰度外，还需重视版权合规性。创作者应倾向于选用明确标识免费或公共领域的图片。此类图片可以合法应用于商业及非商业场景。

如果使用的是受版权保护的图片，务必确保已经获得授权。这可能涉及购买版权、获取许可或遵循特定的使用条款。避免使用未经授权的图片，即使是在“合理使用”原则下，也可能存在侵权风险。如果不确定图片的版权状况，最好寻找替代素材。

通过确保图片的清晰度和版权合规性，创作者可以在使用图生视频工具时，安全地创作出高质量的视频，避免潜在的法律问题。

7.1.4 实例：创作有艺术感的短片

博主“头号AI玩家”创作了一部时长两分多钟的AI短片，讲述了一个半机械人女性在后AI时代追寻自我认同的故事。影片制作过程中，创作团队运用了ChatGPT、Claude、Midjourney、Pixverse、Runway Gen2等多款AIGC工具。

该研究团队设定的故事背景为2048年，此时AI已替代了大部分脑力劳动，人类社会进入分化阶段。

该团队将此故事起始部分提交给 GPT-4 和 Claude，因为 GPT-4 擅长构建完整故事情节，而 Claude 在创意方面更具优势，二者共同协作，撰写出完整的故事线。

在确定剧本之后，该创作团队借助 AI 技术生成分镜头脚本。通过 AI 的辅助，团队逐步将故事情节视觉化。此外，创作团队运用 Midjourney V6 生成画面，并结合图片描述、艺术家风格、构图以及模型版本和高宽比等元素，提升视频效果。

在图生视频过程中，该团队为确保动画风格短片的表现效果，最终选择了 PixVerse 以及 Runway 推出的“多运动画笔”功能。该功能支持在同一画面中添加多个图层，分别处理不同动效。相较于 Pika，Runway 在细节镜头和特定镜头运动的精准控制方面更具优势。

在音效方面，团队采用了免费且实用的 AI 音效工具 Optimizer AI，将其集成至 Discord 平台。它能够通过文字提示的方式，生成适应于各种场景的音效，包括但不限于机械音、袭击声、雷声、雨声等。

在影片剪辑过程中，创作者发现，初始阶段认为场景适宜，但放入视频编辑软件后，画面角度出现严重偏差，镜头混乱，不得不推翻重来。在按照脚本生成所有场景之后，又发现故事情节不连贯，需要补充画面，只得再次剪辑。在初次剪辑完成后，创作者发现逻辑衔接存在问题，不得不再次进行修改……

尽管目前距离实现真正的 AI 电影生成尚有一段距离，但该创作团队的实践表明，AI 电影生成领域存在巨大的潜力。

7.2 其他素材：创作好“搭档”

为了创作出引人入胜且具有专业水准的视频，选择合适的素材至关重要。热门视频片段和高质量的动画都是增强视频吸引力和信息传达效果的有效工具。同时，背景音乐能够增强视频的氛围和情感表达，为观众带来更好的沉浸式体验。

7.2.1 热门视频中的片段

热门视频中的片段可以作为图生视频的素材。选择热门视频中的片段作为素材的优势有以下几点，如图 7-1 所示。

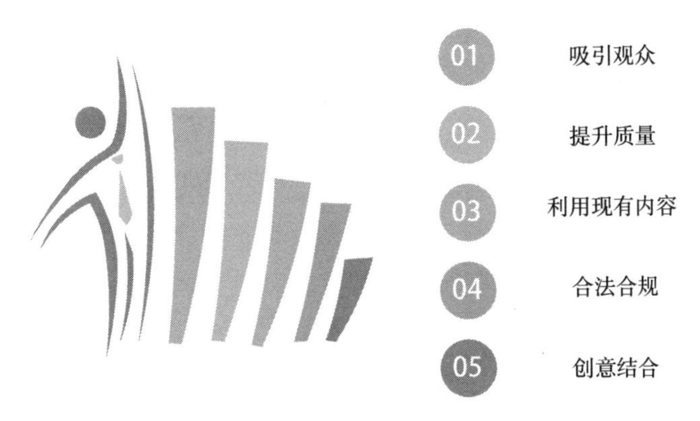

图7-1 选择热门视频中的片段作为素材的优势

1. 吸引观众

热门视频通常具有较高的观看量和关注度，其内容往往能够吸引观众的兴趣。使用热门视频的片段作为素材，可以提高视频的吸引力。

2. 提升质量

热门视频的制作往往注重质量，包括画面质量、剪辑水平以及内容创意。高质量的片段可以直接应用于图生视频中，提升整体视觉效果。

3. 利用现有内容

热门视频中的内容已经过市场验证，具有一定的受众基础。利用这些内容作为素材，可以降低创作风险，并可能借助原视频的热度获得更多曝光机会。

4. 合法合规

使用热门视频片段作为素材，创作者更容易获取到这些片段的版权信息和使用许可，避免侵权问题，降低法律风险。如果是公共领域或已获得授权的内容，则可以放心使用。

5. 创意结合

将热门视频中的片段与其他素材相结合，可以创造出新的故事线或视觉效果，为观众带来新颖的观看体验。

在使用热门视频片段时，创作者应确保其与创作主题的相关性和版权问题得到妥善处理，同时结合自身创意和目的，制作出具有吸引力和价值的图生视频内容。

7.2.2 高质量的动画

高质量的动画也可作为图生视频的素材。选择高质量的动画作为素材的优势有以下几点，如图 7-2 所示。

图7-2 选择高质量动画作为素材的优势

1. 提升视觉效果

高质量的动画通常具有精美的画面和流畅的动作，这些元素可以显著提升视频的视觉效果，使其更加吸引人。

2. 传达复杂的信息

动画作为一种有效的表现手法，能够将抽象的概念和复杂的信息以具象的图像和动作形式呈现，从而让观众更容易理解和记忆。

3. 提供娱乐价值

动画往往融入引人入胜的故事情节和幽默诙谐的元素，可以提供丰富的娱乐价值，使观众在欣赏过程中感受到愉悦。

4. 适应性强

动画素材具备极高的兼容性，能与各类素材（如实拍镜头、图表等）无缝结合，为观众带来丰富多样的视觉享受。

5. 降低成本

相较于实拍视频，动画的制作成本较低。一旦动画视频制作完毕，便可循环利用，从而大幅减少重复投资。

需要注意的是，在使用高质量动画素材时，应确保其与视频主题和风格相匹配，并且要考虑到版权问题，以避免侵权风险。此外，根据视频的目标受众和传播渠道，选择合适的动画风格和内容也非常重要。

7.2.3 添加背景音乐

尽管市场上已涌现众多文本生成视频工具，但目前这些工具所生成的视频都呈静音状态，为视频添加背景音乐仍具有一定的挑战性。

Sora Opera是一款由天图万境与华为云联合发布的AI声音生成工具，具有文本生成音效和视频配乐功能，为用户的视频创作提供便利，解决了AI视频生成的音效配置问题。

使用文本生成音效功能，用户仅需输入关键词，即可获取相应的音频片段或创建具有特定旋律的背景音乐。Sora Opera的开源版本为广大用户提供了一定的自由度，允许用户随意使用视频音效、背景音乐以及文本生成音效等功能。Sora Opera专业版可以满足长达60分钟的完整视频配音需求。

用户还可将自行拍摄的素材重新导入软件，以获得新的音效或创作灵感。此外，Sora Opera具备一系列独具特色的功能。

1. 重新配音

Sora Opera具备为AI生成的视频配音的功能，也能对现有视频进行重新配音。

2. 精准匹配音效

Sora Opera具备根据画面处理复杂内容的能力，例如，针对经过加速处理的视频，它能够精确地为其匹配相应的音效。

3. 精准识别

Sora Opera 具备精准识别图像节奏及潜在声像关系的能力。例如，除了触摸花朵所产生的声音之外，还能捕捉到衣服摩擦的声音。

4. 自动匹配

Sora Opera 具备理解现实世界声音生成规律的能力，并致力于以极高的准确性还原这些声音。在咖啡制作过程的配音中，其能够生成机器启动与停止的声音，同时与画面中咖啡停止出液并倒吸的过程相匹配。

在 Sora Opera 强大功能的支持下，用户不仅可以轻松地为视频添加背景音乐，还能根据具体场景和内容进行精细化的音效设计。

7.3 通过Sora实现图片转视频

Sora 可以接受以图像或视频形式输入内容，执行各种图像和视频编辑任务，如生成循环视频、动画静态图像、向前或向后扩展视频等。作为一款先进的 AI 工具，Sora 以其卓越的图像生成和编辑能力，以及前所未有的视频扩展和循环视频生成功能，引领了内容创作的新潮流。这款工具不仅赋予创作者无限的创意空间，也打破了传统媒体的界限，开启了视觉表达的新篇章。

7.3.1 Sora如何执行图片编辑任务

Sora 具备图像生成能力，能够生成不同尺寸的图像，分辨率最高可达 2048×2048。这表明，Sora 不仅在视频生成领域表现优异，同时在静态图像生成，尤其在处理高分辨率图像方面也具有强大的实力。

然而，Sora 的能力远不止于此。除了图像生成，Sora 还具备强大的图片编辑功能。用户可以将自己的图片导入 Sora 中，然后利用 Sora 提供的各种编辑工具进行个性化调整和优化。

首先，Sora 提供了丰富的色彩调整选项。用户可以通过调整亮度、对比度、饱和度等参数，改变图片的整体色调和风格。同时，Sora 还支持对图片中的特定区域进行局部调整，使编辑更加精确和细致。

其次，Sora 还具备图像修复和增强功能。对于图片中的瑕疵或缺陷，

Sora能够智能修复，使图片更加完美。此外，Sora还可以对图片进行增强处理，提升图片的清晰度和质感，使得图片更加生动逼真。

最后，Sora还支持将编辑后的图片以多种不同的格式和分辨率导出，方便用户在不同平台和设备上使用。

Adobe公司将Sora引入其PR（Adobe Premiere Pro，视频编辑软件）套件中，计划推出由生成式AI加持的PR。用户仅需输入文本提示，即可轻松实现添加、修改与删除物体，同时还能添加辅助镜头，并将特定镜头延长数帧。这将进一步提升用户的创作效率与体验。

综上所述，Sora不仅具备强大的图像生成能力，同时在图片编辑方面也表现出色。利用Sora的编辑工具和功能，用户可以轻松地对图片进行个性化调整和优化，实现更加出色的视觉效果。

7.3.2 根据图片向前或向后扩展视频

Sora拥有视频扩展功能，这是其与先前已有视频生成工具的一个重要区别。得益于其接受多样化输入的能力，用户可以根据图像创建或优化现有视频。

Runway、Pika等工具的视频扩展功能已初见端倪。然而，Sora的独特之处在于，它能够在原视频的基础上向前或向后扩展，突破了传统只能向后扩展视频的限制。

例如，针对某一视频，Sora能够为其设计多种不同的起始部分，而这些起始部分均以该视频为结尾，且整体画面具有连续性。

Sora的视频扩展能力为内容创作带来了前所未有的可能性。这种能力不仅限于在视频末尾添加几秒新内容，还能深入视频的起始部分，为整个故事或场景创造全新的开端。这意味着，无论是一段已有的视频片段，还是一张静态的图像，Sora都能将其转化为一段生动、连贯故事线完整的视频。

更值得一提的是，Sora不仅可以向前扩展视频，还可以向后扩展视频。这意味着，给定一个视频片段，Sora不仅可以为其创造出新的后续内容，还可以回溯到该片段之前，为其添加引人入胜的序幕。这种双向扩展能力，使得Sora能够生成更加丰富、多维度的视频内容，为用户带来更好的沉浸式体验。

此外，Sora 的视频扩展功能还具有高度灵活性。用户可以根据自己的需求自由选择向前或向后扩展视频的长度和内容。这意味着，无论是想要为一个短视频添加更多细节，还是想要为一个长视频创造宏大的背景故事，Sora 都能轻松应对。

Sora 的无限连续循环视频功能将其视频扩展能力推向了新的高度。通过同时向前和向后扩展视频，Sora 可以生成一个永无止境的循环视频，让用户在观看过程中不断发现新的细节和情节。这种创新的视频生成方式，无疑将为内容创作者和观众带来全新的视觉盛宴。

7.3.3 实现不同视频无缝衔接

Sora 是一款功能强大的视频编辑软件，能够轻松实现不同主题和场景的视频之间的无缝衔接，让用户在观看过程中获得流畅自然的视觉体验。

在 Sora 视频编辑功能支持下，用户可以轻松生成完美的循环视频。Sora 能够实现丝滑转场，将风格、主题迥异的视频片段无缝拼接，呈现出令人叹为观止的视觉效果。

设想有两段视频，一段是宁静的乡村田野，金黄的麦穗随风摇曳，另一段则是繁华的都市街头，车水马龙，霓虹闪烁。在Sora的巧妙编辑下，这两段截然不同的场景可以顺畅地融合，从乡村的宁静逐渐过渡到都市的喧嚣，仿佛穿越时空。

Sora 的视频编辑功能不仅体现在转场效果上，还在于其对视频素材的细致处理。用户可以对视频进行剪辑、调整时长、添加字幕、配音等操作，让每一个视频都能具备独特的风格。此外，Sora 还具备特效库，用户可以根据自己的需求选择合适的特效，让视频更具创意。

值得一提的是，Sora 的人性化设计使得视频编辑过程变得更加简单便捷。用户无须具备专业的视频制作技能，只需通过拖拽、点击等简单操作，就能完成复杂的视频制作。同时，Sora 还支持多种输出格式，满足用户在不同场景下的需求。

总之，Sora 是一款出色的视频编辑软件，它能够实现两个不同视频的无缝衔接，呈现出令人惊艳的视觉效果。

第8章

后期处理：给观众极致视觉体验

在视频制作过程中，后期制作是不可或缺的一环。运用智能编辑工具进行后期处理，能够精细打磨每一帧视频画面，实现色彩、光影、特效等元素的完美融合，让故事更加生动，情感更加丰富，给观众带来前所未有的极致视觉体验。

本章将探讨创作者如何利用智能工具来优化视频的后期处理，并分析智能工具对特效人员职业前景的影响。

8.1 剪辑：提高视频质量

智能视频编辑工具正逐步改变着传统视频剪辑的工作流程。这些工具不仅突破了视频长度和尺寸的限制，还通过集成 AI 技术和语言模型，给创作者带来更加智能、高效的剪辑体验，提高了视频质量。

8.1.1 如何选择视频长度

目前市面上的视频剪辑工具仍严重依赖手动操作。为此，Meta 推出了一款名为LAVE 的视频剪辑工具，整合了一系列由 LLM 提供的语言增强功能。

LAVE 集成了基于 LLM 的规划与执行智能体，能解析用户自由格式语言指令，实施规划与执行操作，实现用户剪辑目标。此外，该智能体还能提供概念化辅助与操作指导，如视频素材概览、基于语义的视频检索等功能。

为了确保智能体操作顺畅，LAVE 采用视觉语言模型自动生成视频视觉效果的语言描述。这些描述有助于 LLM 理解视频内容，并运用其语言能力协助用户完成剪辑任务。

此外，LAVE 为用户提供两种交互式视频剪辑模式——智能体辅助和直接操作。双重模式为用户提供了便利，使他们能够依据需求调整智能体操作。LAVE 用户界面包含的组件如图 8-1 所示。

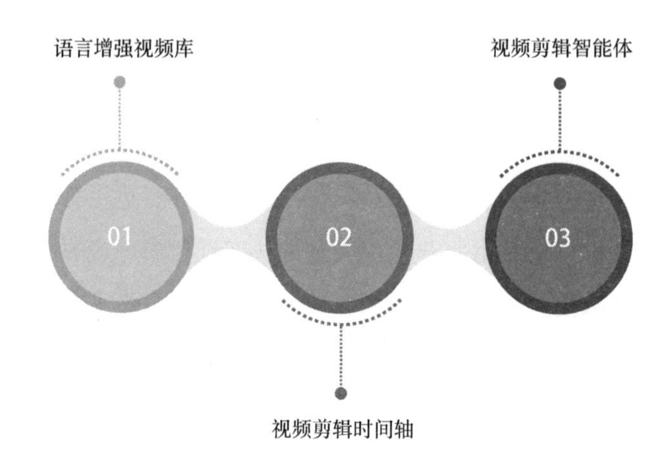

图8-1 LAVE用户界面包含的组件

1. 语言增强视频库

类似于传统工具，该功能能够回放剪辑并提供视觉叙事；自动生成文本描述，包括语义标题和摘要，有助于理解和解构剪辑，构建编辑项目的故事线；视频下方会显示标题和时长。LAVE 还支持语义语言查询搜索视频，检索结果按相关性排序，这一功能需由剪辑智能体执行。

2. 视频剪辑时间轴

用户选定视频后，它会在视频剪辑时间轴上显示，每个剪辑由 1 个框和 3 个缩略图帧（开始帧、中间帧、结束帧）表示。在 LAVE 系统中，1 个缩略图帧代表剪辑中 1 秒时长的素材。剪辑时间轴设有标题和描述，并具备剪辑排序与修剪功能。排序环节对于构建连贯叙事至关重要，LAVE 系统支持基于 LLM 的智能排序以及手动排序。修剪可突出关键片段，用户双击时间轴中的剪辑按钮即可打开显示一秒帧的窗口进行修剪操作。

3. 视频剪辑智能体

LAVE 的视频剪辑智能体是一个基于聊天的组件，旨在促进用户与

LLM的智能体之间的交互。该智能体基于LLM的语言智能能力为用户提供视频剪辑辅助，并提供具体的响应，在整个视频编辑过程中指导用户操作。

总之，利用LAVE视频剪辑工具，用户可以更加便捷和高效地进行视频剪辑工作。无论是选择视频长度，还是调整剪辑策略，都可以通过简单的语言描述来完成。

8.1.2 把握好视频节奏

在视频制作过程中，节奏的把握至关重要。它不仅影响着观众的观看体验，还直接关系到视频内容的传播效果。因此，用户应重视使用关键词来精确调控视频节奏。

首先，在开始构建叙事之前，用户需明确视频的核心要素及目标。在此过程中，关键词可作为创作起点，助力用户确立叙事核心与方向。

通过提炼故事的核心元素，用户可以将视频内容划分为若干个段落，每个段落都有明确的主题和节奏。这样一来，观众在观看视频时就能更加清晰地感受到故事的起伏变化，从而更容易被吸引并沉浸其中。

其次，提示词还可以帮助用户调整视频的节奏。在不同的情节发展阶段，用户需要运用不同的节奏来营造不同的氛围和情绪。例如，在故事的高潮部分，用户可以通过加快节奏、增加镜头切换频率等方式来营造紧张刺激的氛围；而在故事的平缓部分，则可以通过放缓节奏、增加画面细节描写等方式来营造舒适的氛围。

此外，提示词还可以帮助用户优化视频的节奏过渡。在视频制作中，过渡部分的处理往往影响着整个视频的流畅度和连贯性。通过使用恰当的提示词，过渡部分可以更加自然、顺畅，避免观众在观看过程中感到突兀或割裂。

综上所述，通过巧妙运用提示词来把握视频节奏，用户可以打造出更具吸引力和传播效果的视频作品。这不仅有助于提升观众的观看体验，还能为视频内容的传播和推广提供有力支持。

8.1.3 镜头优化：删除冗余+调整顺序

在视频创作过程中，除了选择视频长度和把握视频节奏之外，镜头优化也是一项至关重要的任务。创作者通过删除冗余镜头和调整镜头顺序，可以显著提升视频的观看体验，使故事更加流畅、紧凑且引人入胜。

删除冗余镜头是镜头优化的首要步骤。在视频剪辑过程中，创作者可能会发现一些与整体故事线索发展无关、重复或者过于拖沓的镜头。这些镜头不仅无法为视频增色添彩，反而会削弱故事的连贯性和紧凑性。因此，创作者需要果断地将这些冗余镜头删除，使视频更加精练。

镜头顺序的调整是镜头优化的核心环节之一。在视频剪辑过程中，创作者需根据故事情节的推进，对镜头的顺序进行精细化调整。通过合理的镜头排序，创作者可以更好地展现故事的发展脉络，使观众更容易理解和接受视频所传达的信息。同时，镜头顺序的调整也可以为视频增添更多的悬念和张力，提升观众的观看兴趣。

创作者可以运用 AI 视频剪辑软件实现对视频内容的自动识别，并根据需求完成剪辑、镜头优化等任务，进而提升视频编辑的效率与品质。

2024 年 4 月，国产视频生成模型 Open–Sora 更新，用户只需下达一个简洁的指令，其便能生成多种分辨率、宽高比的视频，用户可将视频发布到相应的平台中。

“清爽视频编辑器”是一款卓越的视频编辑软件，致力于协助用户高效完成视频剪辑任务。该软件集成众多智能算法，能够智能识别视频内容并进行剪辑，从而显著提高视频制作效率。在用户导入视频素材后，该软件将自动进行视频分析与识别工作。根据视频内容、镜头切换以及音频等因素，该软件可以智能地提供一系列剪辑建议。用户可依据建议进行剪辑操作，如去除多余画面、镜头重新排序、融入过渡效果等。

该软件在基础剪辑操作之外，还具有一系列高级特效与滤镜。凭借智能识别技术，它能够自动识别视频中的角色、场景等元素，并根据用户需求添加相应特效与滤镜，如插入动态文字、图形、过渡效果等，从而使视频更具生动性与趣味性。

8.1.4 实例：Sora的剪辑功能很强

Sora 不仅具备生成 60 秒视频的能力，而且能应对不同尺寸的视频处理需求，从而确保视频中的人物、场景等元素保持一致性。

Sora 能够优化构图与布局。将 Sora 与另一个模型进行对比，后者将视频裁剪成正方形，而 Sora 生成的视频展现了更佳的构图效果。被裁剪成正方形的视频只能部分展示场景，而 Sora 则能够更好地展现完整的场景。

此外，Sora 剪辑功能的卓越性还体现在对视频节奏和情感的把控上。无论是快节奏的动作片段，还是慢节奏的抒情镜头，Sora 都能精准地捕捉到每一个关键瞬间，并将其恰到好处地剪辑在一起，形成一部富有感染力的作品。

在视频剪辑过程中，Sora 还擅长运用各种特效和转场技巧，使得视频更加生动有趣。无论是添加滤镜，调整亮度、对比度，还是运用淡入淡出、缩放旋转等转场效果，Sora 都能轻松应对，为观众带来全新的视觉体验。

值得一提的是，Sora 还具有智能识别功能，能够自动识别视频中的关键元素，如人脸、动作、声音等，并根据这些元素进行智能剪辑。这种智能化剪辑方式不仅提高了剪辑效率，还能确保视频内容的连贯性和完整性。

总之，Sora 的出现，标志着视频编辑领域的技术水平和创新能力取得了新的突破。作为一款黑科技视频编辑工具，Sora 将极大地推动视频编辑领域的发展和进步。

8.2 特效：让视频更有“颜值”

Sora 以其强大的“基因”和学习能力为特效制作带来了革命性的变化。它不仅简化了特效处理过程，提升了视频制作效率，还为创作者提供了无限的想象空间。

然而，随着 Sora 等 AI 工具的崛起，也引发了关于影视从业者职业前景的讨论。Sora 时代，挑战与机遇并存，相关从业者应适应并利用新技术、新工具提升自身专业素养，以保持在行业中的竞争力。

8.2.1 文案中要有特效“基因”

Shy Kids 团队在利用 Sora 生成《*Air Head*》这部短片时，在输入文案中巧妙融入特效“基因”，通过不断调整提示语，使得气球人这一形象更加立体饱满。在创作过程中，团队对角色的描绘进行了深入探索，力求使其更具特色。

在塑造主要角色时，创作团队输入“头顶气球的男人”这一描述。然而，他们觉得这一设定与预期的形象不符，于是后续改为“头顶气球却无面部特征的人”。这一改变使得气球人的形象更加独特，区别于传统的角色设定。随着创作团队输入的文字数量逐渐增多，Sora 记住了团队的选择。当再次给予它“头顶气球的人”这一提示时，它会回应：“好的，我明白了。”这表明 Sora 已经掌握了团队需求，能够根据之前的设定生成符合团队预期的画面。

在镜头构图方面，为实现卓越的画面效果，创作团队需输入诸多约束条件。例如，他们需要设定变焦镜头与摇臂镜头、广角镜头与特写镜头、35mm 镜头与 70mm 镜头等。这些约束条件使得画面更具层次感，呈现出丰富的视觉效果。在实际操作中，团队通过反复试验与调整，实现了理想的构图效果。

总之，Shy Kids 团队在利用 Sora 生成《*Air Head*》这部短片时，不断调整提示语和设定约束条件，使得气球人这一形象更加立体饱满，呈现出独具特色的画面效果。这部短片的成功，展示了 AI 技术在影视创作中的巨大潜力。

8.2.2 Sora让特效处理更加简单高级

在影视制作方面，Sora 可以提升后期制作效率，让后期特效处理变得更加简单、高级。在这个数字化时代，特效处理已经成为影视作品、广告宣传乃至日常创作不可或缺的一部分。然而，对于非专业人士来说，特效处理往往比较复杂。

Sora 的出现，为这一问题提供了完美的解决方案。它采用先进的 AI 技术，能够自动识别图像或视频中的元素，并根据用户指令进行精准的特效处理。无论是添加光影效果、调整色彩平衡，还是实现复杂的合成，Sora 都能以高效且准确的方式完成。

不仅如此，Sora 还具备强大的学习能力。它能够根据用户的操作习惯和喜好，不断优化自身的处理算法，使特效处理更加符合用户期望。这意味着，随着使用的深入，Sora 将越来越了解用户需求，并为其提供更加个性和精准的特效处理方案。

对于创作者来说，Sora 不仅是高效的工具，更是灵感的源泉。它能够激发创作者的想象力，帮助他们将脑海中的想法快速转化为生动的画面。无论是想营造梦幻的氛围，还是想展现独特的风格，Sora 都能帮助创作者轻松实现。

总的来说，Sora 让特效处理变得更加简单、高级。它不仅降低了特效处理的门槛，还为创作者提供了更多的可能性。

8.2.3 《*Beyond our Reality*》：特效大变革

《*Beyond our Reality*》这部虚构的自然纪录片呈现了现实中不存在的动物杂交品种，如兔狲与犰狳的结合、长颈鹿与火烈鸟的混种以及鳗鱼与猫的融合。观众得以近距离审视这些生物的独特之处，仿佛它们在自然界中真实存在。在这部影片中，奇异动物的特效均是由 Sora 生成的。

虽然《*Beyond our Reality*》利用 Sora 生成了惊人的奇幻生物特效，为观众带来前所未有的视觉盛宴，但这一过程不是一帆风顺的。制作团队在利用 Sora 平台进行创作时，需要时刻注意调整和优化输入提示，以确保生成的特效与预期相符。同时，由于 Sora 平台生成的初始视频分辨率较低，制作团队需要在提升分辨率时格外小心，以免遗漏关键细节或产生新的瑕疵。

除了技术上的挑战，创作团队还需要应对 Sora 平台可能出现的幻觉现象。这些幻觉现象可能导致生成的特效出现不自然的视觉缺陷，甚至影响整体视觉效果。因此，制作团队需要密切关注生成的每一帧画面，确保它们之间的连贯性和一致性。

此外，与 Sora 平台的交互也需要一定的技巧和经验。制作团队需要学会使用直观且字面化的语言与 Sora 沟通，以确保 Sora 能够准确理解他们的意图和需求。同时，他们还需要不断探索和尝试新的输入方式与技巧，以充分发挥 Sora 平台的潜力，创作出更加精彩和独特的奇幻生物特效。

尽管面临诸多挑战和限制，但《*Beyond our Reality*》的制作团队仍然成功地利用 Sora 平台创作出了一系列令人惊叹的特效画面。这些画面不仅为观众带来了全新的视觉体验，也展示了生成式 AI 模型在影视制作领域的巨大潜力和广阔应用前景。未来，随着技术的不断进步和优化，相信生成式 AI 模型将为影视创作带来更多可能性。

8.2.4 影视从业者的“饭碗”会被砸吗

清晰的画面、流畅的动作……视频生成软件 Sora 合成的视频给内容创作领域带来了巨大的冲击。Sora 的出现就像打开了潘多拉魔盒，为各行各业带来了惊喜。但是，巨大的惊喜背后也隐藏着危机，特效人员纷纷开始担忧，Sora 的出现是否会对他们的“饭碗”造成影响？

与同类 AI 生成视频工具相比，Sora 的进步过于明显、表现过于惊艳。其他 AI 生成视频工具生成的视频很容易被一眼看穿，很多细节处理不到位，真实感不强。尤其是在人物面部细微表情和一些动作细节上，漏洞十分明显。但是从 Sora 发布的视频来看，其许多镜头已经十分逼真，与实景相差不大。但是与实景相比，Sora 生成的视频制作门槛相对较低，这必然会对影视行业造成一定的影响。

早在 Sora 之前，ChatGPT 已经给用户带来了一次震撼，但 Sora 的影响显然更大。ChatGPT 主要聚焦文本、图片生成，而无法生成较为复杂的视频。Sora 超越了 ChatGPT，能够生成复杂且逼真的视频，有效降低了视频制作难度。用户仅需输入一段文本，便能够获得符合要求的视频，所想即所得即将变成现实。随着 AI 技术不断发展，Sora 的前景必将更加广阔。

新技术往往有利有弊，Sora 也不例外。在 Sora 的影响下，许多影视从业者可能会面临失业的风险。毕竟，在 Sora 的帮助下，影视行业的门槛逐渐降低，一些与之相关的工作很容易被取代。影视行业将在挑战中不断发展，不断进行人才优化，影视从业者可能会更加专业，一些不会使用 AI 的从业者将会被淘汰。

Sora、ChatGPT 等智能工具投入使用确实有可能取代一些从事重复性、机械性工作的工种，但这并不意味着相关产业的从业者就会被淘汰。任何活动都离不开人与人的情感连接。即便再智能的AI，也不会拥有人类的意识与情感，因此其很难解决一些更为复杂的问题。

真正需要担心Sora会替代自己的，是缺乏创新意识和独立精神的影视从业者。Sora将会倒逼编剧、导演等影视从业者精进自己的业务能力，变得更加专业，以防自己被Sora取代。

随着Sora的出现，影视行业转型在所难免。影视从业者需要提高自身业务能力，以更加专业的作品吸引用户。影视从业者与其因为Sora的出现而感到焦虑，不如开始学习、利用这些AI工具，使自己的作品更具创新性。

8.3 调色：升级观看体验

视频后期调色的重要性在于，它不仅能让视频在视觉上更具吸引力，还能增强视频的质感和主题表达。创作者能够通过精确调控分辨率与画质、巧妙运用色彩组合、适度添加滤镜效果来提升视频品质。此外，创作者还可以通过光线校正和暗角处理提升视频观赏性与艺术性。

8.3.1 考虑分辨率、画质等参数

高分辨率能够更高质量地展现图像，从而优化整体视频的观赏价值和视觉感受。

画质是影响视频效果的关键因素，优质画质能提升观众体验，吸引眼球，画质不佳则影响观感，降低视频质量。

在对AI生成的视频进行调色时，分辨率和画质是两个至关重要的参数。以下是在调色过程中需要特别考虑的几个方面。

1. 分辨率

（1）匹配目标平台。了解并匹配目标播放平台或设备的分辨率要求。例如，社交媒体平台可能更适合较低的分辨率以加快加载速度，而高清电视或电影则需要更高的分辨率。

（2）保持一致性。如果视频包含多个场景或镜头，确保它们在调色后仍

然保持一致的分辨率，以避免观众感到突兀。

2. 画质

（1）色彩管理。正确的色彩管理可以确保视频在不同设备和平台上保持一致的色彩表现。使用专业的色彩空间（如 Rec. 709、DCI–P3 等）进行调色，并根据目标平台的要求进行色彩转换。

（2）减少噪点和失真。AI 生成的视频有时可能会包含噪点或失真。在调色过程中，可以使用去噪和锐化工具来减少这些问题。

（3）细节保留。在增强色彩和对比度时，注意不要过度处理，以免损失视频中的细节。适当的调色可以增强视觉效果，但过度处理则可能导致画质下降。

（4）编码和压缩。选择合适的编码格式和压缩设置对于保持画质至关重要。在调色后，确保使用高质量的编码器和适当的压缩率来保存视频，以在文件大小和画质之间找到最佳平衡点。

调色之后，创作者可以在不同的设备和屏幕上预览调色后的视频，以确保它在各种情况下都能保持良好的视觉效果。如果条件允许，创作者最好使用专业的监视器或经过校准的显示器进行预览，以获得更准确的色彩和亮度表现。

综上所述，对 AI 文生视频工具生成的视频进行调色时，需要综合考虑分辨率、画质等参数，并通过适当的工具和设置来保持或提升这些参数的水平。这样才能确保最终的视频作品具有高质量的视觉效果和观看体验。

8.3.2 注意整个视频的色彩搭配

在视频创作过程中，后期调色的重要性显而易见。它不仅使视频在视觉上更具吸引力，还能提升画面品质，强化主题表现力，从而让观众更容易沉浸其中。色彩搭配得当，能够激发观众的情感共鸣，使他们更好地理解视频所要传达的主题。

Adobe 作为行业领军企业，一直致力于为广大用户提供更高效、更智能的工具。在其推出的系列新 AI 功能中，视频后期调色表现亮眼。Adobe 的视频自动调色功能运用 AI 技术进行智能色彩校正，用户只需点击几下便能完成曝光、对比度和白平衡等基本色彩调整。这样一来，色彩处理变得简单快捷，大大提高了工作效率。

值得关注的是，Color Match 作为适用于 AE（Adobe After Effects，图形视频处理软件）和 PR 的专业插件，能够高效匹配序列中两个不同视频的颜色配置。这一功能在消除同一场景中不同镜头间颜色差异方面表现得尤为出色。通过调整饱和度、白平衡和亮度等参数，用户可以轻松创造出视觉上统一的场景，使画面更加和谐。

总之，Adobe 等先进工具的出现，为创作者提供了极大的便利，使色彩处理变得简单高效。创作者要善于利用这些工具提升创作水平，创作出更优质的视频作品。

8.3.3 加入滤镜，打造高级感

滤镜在视频制作过程中发挥着至关重要的作用。巧妙运用各种滤镜效果，创作者可以轻松改变画面色调和视觉风格，从而提升视频的整体质感，使其更具吸引力。

Runway 的 Color Grade（颜色分级）功能能够帮助用户轻松处理视频画面的滤镜效果，让视频更高级、更具观赏性。

用户点击 Color Grade 选项，进入编辑页面，上传需要处理的视频文件，就可以对其进行滤镜效果处理。用户在对话框中输入对画面滤镜颜色描述的提示词，如“温暖”“冷淡”等，以便 Runway 更好地理解用户需求。此外，在参数设置环节，用户还可以对画面灰度的强弱进行调整。

利用 Sora 的特效与滤镜功能，用户输入简洁的文本，就能轻松实现多样化的视觉效果。此功能简化了后期处理，降低了技术门槛，使更多人能轻松呈现创意。

除了 Runway 和 Sora 提供的滤镜功能外，很多视频制作软件中都有强大的滤镜工具，它们各具特色，能够满足不同用户群体的需求。

例如，一款名为“Luminar”的视频滤镜插件，以其卓越的图像优化和风格化效果而备受推崇。Luminar 通过智能识别视频画面中的元素，自动应用合适的滤镜效果，让画面呈现出独特的艺术风格。用户只需简单调整几个参

数，即可轻松打造出令人惊艳的视觉效果。

此外，还有一些专门针对特定场景或主题的滤镜工具，如 Portraiture 滤镜插件。它能够精准地识别出画面中的人物，并为其添加细腻的磨皮和美化效果，让肖像照片或人物视频更加生动自然。

这些滤镜工具不仅丰富了视频制作手段，也为创作者提供了更多发挥创意的空间。通过巧妙运用这些滤镜工具，创作者可以打造出风格迥异、质感出色的视频作品。

8.3.4 光线校正与暗角处理

在光线校正方面，精细的调整能够让视频呈现出更为真实和动人的光影效果。根据拍摄环境的实际情况，创作者可以逐一调整画面中的高光、阴影和中灰，让亮度分布更为均衡，消除过曝或过暗的区域。

除了光线校正，暗角处理也是提升视频效果的重要步骤。适当的暗角处理可以使画面更具艺术感，同时也能引导观众的视线，突出画面的重点。创作者可以根据视频的整体风格和主题，选择合适的暗角程度和形状，让画面更加和谐统一。

进一步来说，光线校正和暗角处理并不只是简单地调整参数，而是颇具技巧的艺术创作手法。在光线校正过程中，创作者可以根据情感需求调整视频的亮度、对比度和色彩饱和度等参数，营造出不同的光影氛围。例如，在温馨的家庭场景中，可以适当提高阴影部分的亮度，让画面显得更加柔和温暖；而在紧张刺激的战斗场景中，则可以强调高光部分，增强画面的冲击力和紧张感。

暗角处理则可以为视频增添一种独特的视觉效果。选择合适的暗角程度和形状，创作者可以为画面营造出复古、文艺或梦幻的氛围。同时，暗角处理还可以用来平衡画面的构图，将观众的注意力引到画面中心或重要元素上，使视频更具层次感和立体感。

总之，光线校正和暗角处理是提升视频质量的重要步骤。通过精细的调整和创新工具的应用，创作者可以为观众呈现更加真实、动人且充满艺术感的视觉盛宴。

AI

第9章

视频优化：让视频既好看又好听

视频优化是一项重要的技术工作，它能够让视频在视觉和听觉上更加出色，提升观众的观看体验。创作者通过对画面、音效、字幕、整体风格的不断调整和处理，可以让视频在众多内容中脱颖而出，获得更多的关注和喜爱。

9.1　配音与音效：保证听觉质量

在影视、动画、游戏等领域，配音与音效扮演着重要角色，它们保证了听觉质量，为观众带来沉浸式体验。配音与音效的完美结合，能够让角色更具个性，让场景更加真实，让情感更加丰富。

9.1.1　为视频配音的4种方法

为视频配音是一种常见的后期制作策略，不仅可以增强视频的表现力和吸引力，还能有效传达信息和情感。下面将详细介绍4种为视频配音的方法，如图9-1所示。

1. 直接录制配音

直接录制配音是最简单的一种方法，只需借助一台电脑、一个麦克风和相应的音频录制软件即可。创作者可以使用Audacity、Adobe Audition等专业音频录制和编辑软件，根据自己的声音条件和视频内容录制配音。

2. 使用配音软件

配音软件可以帮助创作者在视频中添加专业的配音效果。这类软件通常具备丰富的音效库、音调调整功能以及语音合成技术。通过配音软件，创作者可以调整自己的声音，使之更符合视频的氛围和情感。例如，创作者可以使用魔音工坊、Reccloud 等热门配音软件。

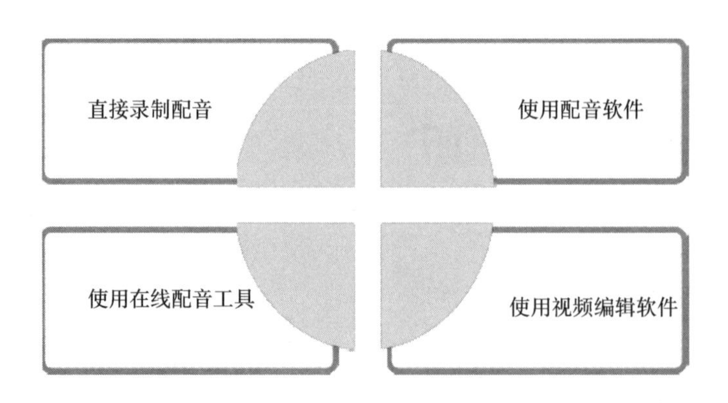

图9-1 为视频配音的4种方法

3. 使用在线配音工具

在线配音工具提供了一站式配音解决方案。创作者无须安装任何软件，只需通过网页或手机应用即可完成配音。这类工具通常具备简单易用的界面，以及语音处理功能。创作者可以尝试使用如 VoiceBunny、Voice123 或 Speak Pipe 等在线配音服务。在使用在线配音工具时，创作者需要选择合适的发音人和语言风格，并根据需求调整音效和混音参数。

4. 使用视频编辑软件

视频编辑软件不仅可以帮助创作者剪辑和合成视频，还可以在视频中添加配音。这类软件通常具备音频编辑功能，允许创作者在视频中嵌入声音轨、调整音量、添加音效等。PR、Final Cut Pro 或 DaVinci Resolve 等视频编辑软件均为不错的选择。

总之，为视频配音有多种方法，创作者可以根据自己的需求、技能水平和设备条件选择合适的方法。无论创作者选择哪种方法，都应注意保持声音与视频内容的协调，以及音频质量的优化。

9.1.2 热门配音软件大盘点

配音已经成为一种重要的技能，无论是电影、电视剧、动画，还是游戏、广告等领域，都离不开专业的配音演员和优秀的配音软件。为了帮助创作者更好地了解和选择适合自己的配音软件，下文将盘点几款热门的配音软件，如图 9–2 所示。

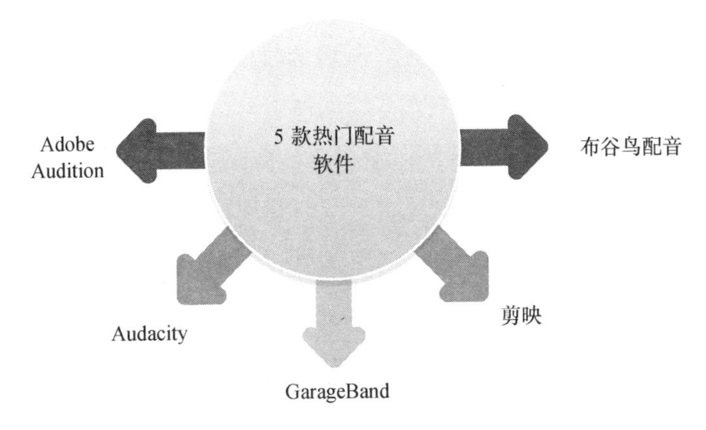

图9-2　5款热门配音软件

1. Adobe Audition

Adobe Audition，简称 AA，是一款专业级别的音频处理软件。它具备丰富的音频处理功能，可以帮助创作者轻松实现声音的剪辑、混合和处理。在影视、广播、游戏等领域，Adobe Audition 都有着广泛的应用。

2. Audacity

Audacity 是一款免费、开源的音频编辑软件，适用于多种操作系统。它拥有基本的音频处理功能，如剪辑、混音、降噪等，同时还支持多轨录音和编辑。Audacity 界面简洁，适合初学者和专业人士使用。

3. GarageBand

GarageBand 是苹果公司推出的一款音频处理软件，适用于 Mac 和 iOS 设备。它集录音、编辑、混音于一体，并提供了一系列虚拟乐器和音效，让创作者可以在家中轻松制作出专业级音频作品。GarageBand 操作简单，适合音乐创作人和配音演员使用，可助力他们进行音频处理。

4. 剪映

剪映是一款国内较为知名的短视频剪辑软件，其音频处理功能十分强大。创作者可以使用剪映进行音频剪辑、混音、特效处理等，还可以进行多轨录音。剪映操作界面直观，支持实时预览，创作者可以更快捷地调整音频效果。这款软件适合短视频制作人员和配音爱好者。

5. 布谷鸟配音

布谷鸟配音是一款专注于配音领域的软件，内置了丰富的配音素材和音效，能够满足各种场景的配音需求。创作者可以轻松地进行音频剪辑、混音、添加音效等操作，还可以与其他配音演员协同创作。布谷鸟配音操作简单，适合配音新手和专业人士。

综上所述，以上 5 款配音软件各有特点，适用于不同场景和不同需求的视频创作者。Adobe Audition、Audacity 和 GarageBand 更适合专业音频处理，而剪映和布谷鸟配音则更侧重于短视频配音，创作者可以根据自己的需求和操作习惯进行选择。

9.1.3 音频混音与空间处理

在视频优化过程中，音频混音与空间处理技术对于提升视频的视听体验具有重要意义。对音频信号进行混合和空间处理，可以使得视频的音效更加丰富立体，为观众带来更为沉浸式的观看体验。

混音是将多个音频信号混合在一起，以形成一首完整的音乐作品。在混音过程中，音频工程师需要运用各种技巧和工具，如均衡器、压缩器、混响器等，对各个音轨进行精细调整，以达到理想的听感效果。

混音的关键在于平衡各个音轨之间的音量和音色，使它们在整体作品中和谐共处。例如，一首流行歌曲中可能包含主唱、和声、吉他、鼓点等多个音轨。

此外，混音还需要考虑到作品的风格、情感、氛围等因素。不同的音乐风格可能需要不同的混音策略。例如，摇滚乐可能更注重鼓点和吉他的表现力，而爵士乐则可能更注重和声和旋律的层次感。

空间处理是通过模拟真实或虚构的声学环境，为音频信号增添空间感和立体感的过程。它可以使音乐作品更加立体、宽广和深邃。

空间处理主要依赖于混响、延迟等效果器来实现。混响可以模拟不同房间或空间中的回声效果，使声音听起来更加丰满和温暖；而延迟则是通过复制并稍微改变声音信号的时间，创造出回声或合唱等效果。

除了混响和延迟外，音频工程师还可以利用其他空间处理技巧来增强作品的表现力。例如，音频工程师通过使用立体声或多声道录音技术，可以创造出更加宽广和立体的声音场景；而通过调整各个音轨的相位和位置关系，可以营造出更加逼真的空间感和层次感。

音频混音与空间处理是音频制作中不可或缺的两个环节。它们能够对音频信号进行精细调整和处理，从而塑造令人陶醉的听觉体验。

9.1.4 实例：Sora的音效是怎么样的

Sora 的惊艳亮相，无疑在业内掀起了波澜。人们对其生成的高质量视频赞叹不已，但同时也发现了一个小小的不足，那就是它还需要一些恰当的音效来衬托。众所周知，一部优质的视频，其视觉效果和声音效果各占 50%。有时候，配音问题甚至比视频画面的剪辑更为棘手。因此，寻找一段与视频内容相契合的背景音乐，对于提升视频的品质至关重要。

为了弥补这一缺憾，ElevenLabs 为 Sora 生成的视频配音，并为其上线 AI 音效功能。在视频制作过程中，用户只需输入文字描述声音的特征，AI 便可以据此生成相应的配音。

ElevenLabs 是一家专注于 AI 技术研发的公司。该公司技术团队了解到，在影视制作中，声音的表现力至关重要。好的配音不仅可以提升影片的观感，还能让观众更加投入。

AI 音效功能利用先进的语音合成技术，将用户输入的文字描述转化为逼真的声音，使得 AI 生成的音效与原视频内容完美匹配，毫无违和感。

AI 音效功能依托于强大的 AI 算法，能够根据用户需求自动生成符合场景的音效。与传统音效制作相比，AI 音效功能能够实现快速创作，大幅提高了音效制作的效率。此外，AI 音效功能还能够根据使用场景自动调整参数，为用户提供个性化的音效制作体验。

AI 音效功能具有音效库和强大的自然语言处理能力，能够模拟各种不同类型的声音，如人声、动物声、自然环境声等。同时，AI 音效功能还可以实现声音的转换和调整，为用户提供更为多元化的音效选择。

在当前的数字时代，视觉效果和声音效果的重要性不言而喻。创作者需要花费大量时间和精力来寻找合适的音效，以营造出引人入胜的氛围。AI 音效功能的上线，大幅降低音效制作门槛。无论是专业制作人还是短视频创作者，都可以轻松实现专业级别的音效处理。

9.2 字幕：降低理解难度

添加字幕是视频优化过程中不可或缺的一步。它不仅能够降低视频的理解难度，提升观看体验，还有助于信息传播和交流。因此，在视频制作和优化过程中，用户应该注重字幕的添加和使用，以提高视频质量和传播效果。

9.2.1 字幕与画面必须一致

字幕与画面保持一致非常重要，不仅能让观众更好地理解故事情节，领略其中蕴含的情感与思想，还能增强视听体验，使观众沉浸在视频塑造的故事中。为了确保字幕与画面的一致性，在视频制作过程中，各个方面都需要高度配合。

首先，创作者要明确一点，字幕与画面的一致性并不仅仅是指字幕与画面内容的基本同步。事实上，这是一种更深层次的协调，包括字幕的语言表达、情感色彩、文化背景等方面，都需要与画面相互呼应、相互补充。这样一来，观众在观看视频时，才能更好地把握画面所传达的信息，从而获得更好的观看体验。

其次，从技术层面来说，字幕与画面的一致性也包括字幕的显示位置、大小、颜色、样式等，都需要与画面相协调。例如，针对激烈的战斗场面，字幕应选择较为醒目的颜色，以便观众在紧张的氛围中依然能够清晰地看到字幕内容；而在温馨的家庭场景中，字幕则应与画面色调相近，以营造出和谐的氛围。

最后，字幕与画面一致还需要考虑到情节的推进和人物性格的展现。在视频中，人物的对话、内心独白以及情感表达等，都需要通过字幕与画面的协调来呈现。只有字幕与画面协调，观众才能更好地理解人物之间的关系，感受人物内心的情感波动。

总而言之，在视频优化过程中，创作者要时刻关注字幕与画面的一致性，力求在各个方面做到协调和谐。这样，观众在观看视频时，才能更好地领略到作品的精髓，从而获得愉悦的观看体验。

9.2.2 精准翻译与传达

在视频优化过程中，字幕的精准翻译与传达是一项重要任务，直接关系到观众对视频内容的理解和接受程度。

字幕的精准翻译是保证视频信息准确传达的基础。在翻译过程中，译者需要深入理解视频的主题、语境和表达方式，确保翻译结果能够忠于原文，同时又符合目标语言的表达习惯。译者对两种语言都有深入的了解，并具备扎实的语言功底，才能确保字幕的准确性和地道性。

字幕的传达也是视频优化中不可忽视的一环。除了翻译准确外，字幕的排版、字体、颜色等也是影响观众观看体验的重要因素。合理的字幕排版可以使观众更加轻松地阅读和理解字幕内容，而美观的字体和颜色则可以提升视频的视觉效果，激发观众的观看兴趣。

例如,《流浪地球》视频字幕翻译涉及人物对话、场景描绘以及情感表达等多个层面。

在科技术语和专业术语方面,《流浪地球》的字幕翻译展现了极高的准确性。例如，片中将太阳引擎描述为“螺旋能量场”，字幕翻译则精准地将其表述为“Spiral Energy Field”，既忠于原意又易于观众理解。

在人物对话的翻译上，字幕同样很贴切、精准。例如，主角刘培强在片中说道：“我们要用尽全力去拯救这个世界。”字幕翻译则巧妙地将其表述为“We have to do everything we can to save this world.”，既传达了相同的意思，又符合英语的表达习惯。

此外，《流浪地球》的视频字幕翻译还充分考虑了观众的文化背景和理解难度。例如，片中有一个场景展示了在外太空飘扬的中国国旗，字幕翻译在此处特别加入了注释“China National Flag”，以帮助不熟悉中国文化的国外观众更好地理解和感受这一场景的文化内涵。

视频优化中的字幕精准翻译与传达是一项综合性任务，需要译者注重翻译的准确性和地道性，同时也要考虑字幕的排版、字体、颜色等因素，以提升观众的观看体验。

9.2.3 控制好字幕时间和长度

在影视作品、网络视频以及各类多媒体内容中，字幕不仅能够帮助观众理解剧情、人物对话和情感表达，还能在关键时刻起到画龙点睛的作用。要想让字幕发挥其应有的作用，创作者还需要关注一个至关重要的因素——字幕的时间和长度。

合理控制字幕时间，可以确保观众在阅读字幕时能够充分理解其含义，避免因时间过短导致观众来不及阅读或不能充分理解字幕内容。但是，字幕时间过长会让观众感到厌烦，影响观看体验。

那么，如何才能恰到好处地控制字幕的时间和长度呢？如图 9–3 所示。

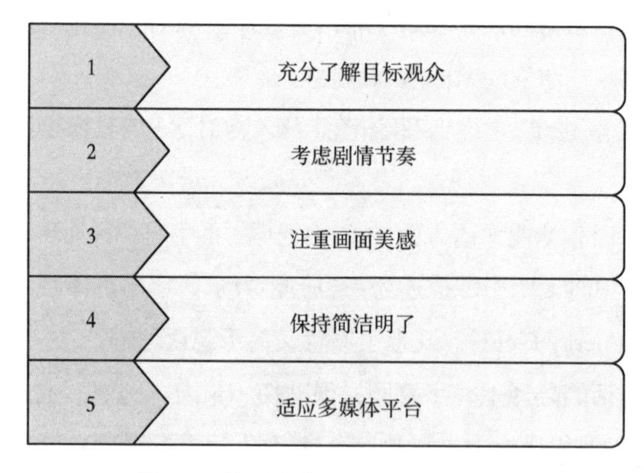

图9-3　控制字幕时间和长度的方法

（1）充分了解目标观众。了解观众的年龄、文化背景和语言能力，以便为他们提供适宜时间和长度的字幕。

（2）考虑剧情节奏。在剧情紧张、对话内容比较重要的地方，创作者可以适当延长字幕时间，确保观众充分理解。而对于一些轻松、幽默的片段，创作者可以适当缩短字幕时间。

（3）注重画面美感。在设计字幕时，尽量避免让字幕遮挡画面重要元素，如人物、风景等。同时，合理布局字幕位置，使其与画面和谐共存。

（4）保持简洁明了。字幕内容应尽量简洁，避免冗余。创作者应在保证信息传递的前提下，尽量减少字幕的字数，缩短其显示时间。

（5）适应多媒体平台。创作者要根据不同的播放平台和设备调整字幕时间和长度。例如，在手机屏幕上，字幕时间可以相对较短，以适应观众快速阅读的需求。

总之，控制好字幕的时间和长度，不仅能够提升观众的观看体验，还能使视频更具吸引力。创作者要不断实践、总结经验，恰到好处地设定字幕时间和长度，为观众带来优质的视听享受。

9.3 BGM：音乐提高吸引力

音乐与视频的结合在电影、电视剧等视听作品中都有体现。在这些作品中，BGM 起到了衬托氛围、突出情感、引导情绪的重要作用。为了让视频更具吸引力，提升视频的观赏性和观众体验，创作者不仅需要在画面、剪辑和内容上下足工夫，更需要借助音乐这一元素。

9.3.1 选择BGM的六大技巧

在制作视频时，很多人会遇到一个问题，那就是如何为视频选择合适的 BGM。合适的 BGM 能够让视频更具吸引力，提升观众观看体验，而不合适的 BGM 则可能破坏整体氛围。那么，如何才能选出最合适的 BGM 呢？以下六大技巧有助于解决这一问题。

1. 了解视频类型

在为视频选择 BGM 时，首先要明确视频是教育类、娱乐类还是情感类视频。例如，教育类视频可选用轻快、活泼的旋律，娱乐类视频可选用流行、欢快的音乐，而情感类视频则适合选用柔和、抒情的曲目。

2. 注重音乐与画面的协调

音乐与画面的协调性是选择 BGM 的关键。在挑选音乐时，要考虑音乐的节奏、旋律与画面的节奏、氛围是否一致。例如，视频中风景优美的画面，可以搭配轻柔、优美的音乐，使画面与音乐相得益彰。

3. 遵循音乐版权规则

在选用 BGM 时，务必遵循音乐版权规则，避免侵权行为。创作者可以选择无版权或授权使用的音乐，以确保视频的合法性。此外，还可以选择使用音乐库，其中包含大量免费且授权清晰的背景音乐。

4. 适当使用音效

音效是视频作品中不可忽视的元素。在选择 BGM 时，可以适当加入一些音效，如掌声、笑声等，以增强观众的代入感和互动性。但要注意，音效的使用要适度，避免过多过杂影响观众的听觉体验。

5. 保持音乐简洁明了

在为视频选择 BGM 时，应避免使用过于复杂、冗长的音乐。简洁明了的音乐更容易让人印象深刻，同时也便于在不同场景间切换。此外，简洁的音乐还能避免与画面内容产生冲突，使观众更容易关注到视频的核心内容。

6. 适时调整音乐音量

视频中 BGM 的音量设置也是非常重要的。创作者要根据画面的变化和内容的重要性适时调整音乐音量。例如，在视频的高潮部分，可以适当提高 BGM 的音量，增强氛围感；而在一些安静的场景中，降低 BGM 音量可使观众更好地沉浸其中。

总之，为视频选择合适的 BGM 并非易事，但掌握以上六大技巧，创作者就更容易找到契合视频的 BGM，为观众带来极致的视听享受。

9.3.2 将AI创作的音乐作为BGM

在音乐创作领域，AI 作曲崭露头角，为传统音乐产业注入了新的活力。

将AI创作的音乐作为视频BGM，不仅能为视频增色添彩，还能拓宽音乐创作的可能性。

AI作曲的核心技术包括深度学习、自然语言处理和生成对抗网络等。这些技术使得AI能够在音乐创作中模拟人类思维，实现从旋律、和声到节奏、编曲等全方位的音乐创作。

相较于传统的人工创作，AI作曲能够迅速生成大量音乐作品。这得益于AI算法对海量音乐数据的深度学习，使得AI能够在短时间内为创作者提供丰富的背景音乐选择。

AI作曲可以根据创作者需求进行个性化定制，包括音乐风格、情感、节奏等方面。这种定制化的音乐创作能够满足创作者对于背景音乐的精细化需求，使得视频更具个性化特色。此外，AI作曲还能根据使用场景和创作者的喜好，智能推荐合适的音乐作品，进一步提升创作效率。

借助AI作曲，创作者可以省去雇用专业音乐人的成本。同时，AI作曲能够提供大量免费或低价的音乐作品，为创作者提供更经济实惠的解决方案。此外，AI作曲还能减少音乐版权方面的纠纷，使创作者在创作过程中更加安心。

将AI作曲应用于视频BGM创作，是科技与艺术融合的典范。在探索智能音乐创作的道路上，创作者既要充分挖掘AI技术的潜力，也要关注其带来的挑战，以实现科技与音乐的和谐共生。

9.3.3 Pika：直接添加心仪的BGM

Pika给视频创作领域带来一场重大变革。其推出的AI音效生成功能，为视频创作提供了更多可能性，让用户能够轻松地为视频添加心仪的BGM，使视频内容表达更加生动有力。

Pika的AI音效生成功能是AI技术在视频创作领域的一次精彩应用。它利用深度学习算法，分析视频的内容、情感基调以及场景变化，创作者只需勾选自动生成音效的选项，AI系统便能自动创作出与之高度契合的BGM。这不仅极大地减轻了创作者的工作负担，缩短了制作周期，更实现了BGM

添加的智能化与精细化，确保了 BGM 与视频的完美融合。

这一创新功能让创作者能够更专注于视频内容的构思与呈现，无须过多纠结于 BGM 的选择与匹配。同时，AI 音效生成还能根据视频的情感走向与场景变化，动态调整 BGM 的旋律与节奏，营造出更加真实、生动的氛围，为观众带来前所未有的沉浸式观看体验。

每位视频创作者都有其独特的风格和创作理念，对 BGM 的需求也各不相同。无论是需要激昂的旋律来激发观众的热情，还是温柔的曲调来抚慰人心，AI 都能根据视频的风格、内容，生成恰到好处的 BGM。此外，创作者还可以根据自己的喜好，对生成的 BGM 进行微调，以达到最佳的效果。

在传统的视频制作流程中，寻找合适的 BGM 往往需要耗费大量时间和精力。而 Pika 的 AI 音效生成功能则能在短时间内生成多种风格的 BGM 供创作者选择，大大提高了制作效率。同时，AI 的介入也为创作者提供了更多的灵感来源，激发了他们的创意潜能，让视频作品更加丰富多彩。

Pika 的 AI 音效生成功能，无疑是视频创作领域的一次重大突破。它不仅简化了 BGM 选择的过程，提升了制作效率，更为创作者提供了更多个性化、创意化的 BGM 选择。

9.3.4 《千秋诗颂》的古风版音乐

中央广播电视总台利用 AI 文生视频技术打造了我国首部 AI 动画《千秋诗颂》。借助 AI 技术，《千秋诗颂》展现了我国独特的传统文化。

《千秋诗颂》的制作团队利用先进的 AIGC 技术，包括可控图像生成、文本生成视频等，使这部动画从场景设计到动态效果都十分完美。每一个画面都仿佛是一幅精美的水墨画，将古典诗词中的意境和美感展现得淋漓尽致。

除了画面上的美感，《千秋诗颂》更强调音乐与画面的完美融合。在背景音乐的选择上，制作团队精心挑选了古风版音乐，其旋律优美、节奏明快，与画面内容相得益彰。音乐与画面的紧密结合，不仅让观众获得极致的视觉享受，同时也让观众在听觉上深刻感受到我国传统文化的独特魅力。

古风版音乐以其独特的韵味，恰到好处地衬托出《千秋诗颂》的意境。其旋律悠扬，仿佛在诉说古老的传说；其节奏明快，展现了中华民族自强不息的精神风貌。音乐与画面的紧密结合，使得观众在欣赏画作的同时，也能感受到音乐的优美旋律，从而使整个作品更具艺术感染力。

《千秋诗颂》通过音乐与画面的完美融合，展现了我国传统文化的深厚底蕴。在音乐中，观众可以听到古典的琴韵、古朴的编钟声，这些元素都寓意着中华民族悠久的历史和文化。而在画面中，观众可以看到美丽的山水、古朴的建筑，这些元素与音乐相互呼应，共同构建出一幅宏伟壮观的历史画卷。

AI

第10章

导出与发布：扩大视频传播范围

AI 文生视频技术提升了内容生产效率。无论是在教育、商业还是娱乐领域，优质的视频都具有极高的价值。然而，要想让视频发挥其最大的潜力、扩大其传播范围，就需要掌握一些导出与发布的技巧。下文将介绍如何有效地导出与发布视频，以扩大视频传播范围。

10.1 导出视频的关键点

在数字媒体日益普及的今天，视频制作和分享已经成为我们日常生活的一部分。无论是个人的回忆记录，还是企业的营销策略，视频的质量和可分享性都至关重要。在视频制作和发布过程中，导出视频这一环节起着承上启下的作用。导出视频时，创作者需要关注几个关键点，下面进行详细讲解。

10.1.1 视频存储：选择合适位置

无论是记录生活瞬间，还是进行创意表达，视频都是一种有效的工具。用户完成视频编辑后，需要选择合适的存储位置。这个选择不仅影响到视频的访问速度和安全性，还会对设备存储空间产生影响。

视频文件，尤其是那些采用高清、高分辨率编码技术的文件，往往具有庞大的体积，这无疑对用户设备的存储能力提出了挑战。随着科技的进步，4K、8K 甚至更高清晰度的视频内容日益普及，它们在为用户带来极致视觉享受的同时，也使得存储空间问题更加严峻。

根据一项统计，一部时长 1 小时 4K 视频占据几十 GB 的存储空间，这还仅仅是视频文件本身，如果加上元数据、特效和其他相关文件，其占用的空间更大。

因此，选择合适的存储位置就显得至关重要。选择将视频文件存储在手机、电脑等设备的本地内存中虽然方便快捷，但一旦存储空间告急，我们可能需要频繁地进行文件清理。这不仅耗费时间，也可能因误删导致重要视频丢失。

此外，设备的硬件故障可能对视频文件造成不可逆的损害。例如，硬盘突然损坏可能会使其中的文件消失，如果没有备份，这些文件可能无法恢复。

视频的存储位置也关乎数据的安全性。本地存储虽然方便，但存在硬件损坏、病毒攻击或意外删除等风险。相比之下，云存储通常提供多重备份和加密保护，可以更好地保障数据安全。然而，这需要企业对云服务的隐私政策和安全性有深入了解，以防止潜在的隐私泄露风险。

许多云服务提供商，如 Google Drive、iCloud、Amazon S3 等，都提供了大容量的存储空间供用户选择，用户可以根据实际需求购买相应的存储套餐。尽管这可能需要额外的费用，但考虑到云存储的便利性和安全性，这通常是值得的。

通过云存储，用户可以随时随地通过网络访问视频，无论身处何处，都能轻松查看和分享文件。更重要的是，云服务通常会提供自动备份和版本控制功能，即使文件被误删或被病毒感染，也能通过恢复早期版本快速找回，大幅降低了数据丢失的风险。

选择合适的视频存储位置并非一个简单的决定，它涉及访问效率、数据安全和存储空间管理等多个方面。用户需要根据自身的需求和条件做出明智的选择，以确保视频数据既能安全保存，又方便随时随地查看和分享。

10.1.2 导出前的视频压缩

制作视频如同雕琢艺术品，是一个既需要创新灵感，又要求技术精度的复杂过程。在这个过程中，有一个看似微不足道实则至关重要的步骤，那就是视频压缩。

理解视频文件大小的基本原理是至关重要的。视频文件的大小主要取决于分辨率、帧率、比特率以及颜色深度。更高的分辨率、帧率和比特率，以及更丰富的颜色，将导致文件体积显著增加。通过调整这些参数，创作者可以在不影响视频质量的前提下，实现视频体积的有效压缩。

当前，视频呈爆炸式增长，但随之而来的是对存储空间和网络带宽的庞大需求。如何在压缩视频时找到一个平衡点，既能保证视频的视觉效果，又能满足存储和传输的现实限制，成为一个亟待解决的问题。这需要创作者在技术层面进行权衡，同时考虑到不同应用场景的特殊性。

如果创作者是以在线分享为目的而制作视频，网络带宽的限制是一个不容忽视的因素。过高的比特率可能导致视频加载缓慢，影响观众的观看体验。因此，选择适中的比特率和先进的压缩算法，如 H.264、H.265，可以在保持视频质量的同时，显著减小文件体积。此外，观众可能面临不同的网络环境，创作者还需要对视频进行多比特率编码，以适应不同的网络条件。

如果视频面向移动设备，那么设备的存储和处理能力就成为关键因素。移动设备的存储空间有限，而且处理器性能相较于计算机较差。因此，创作者需要选择更轻量级的编码格式，或者对设备进行特定的优化，以确保视频能在移动设备上流畅播放，且不会过度消耗电池寿命。

为了实现这些目标，市场上有各种专业和开源的视频压缩工具可供选择。例如，PR、Final Cut Pro 等专业视频编辑软件，以强大的功能和灵活的自定义选项，为创作者提供了全面的解决方案。而 HandBrake、VLC 等开源工具，虽然功能相对简洁，但其预设的压缩选项通常能满足大部分创作者的需求。

在使用这些工具时，创作者需要根据具体的项目需求进行细致调整，如调整分辨率、帧率、比特率等参数，以达到最佳的压缩效果，同时尽量减少因过度压缩导致的视频质量下降。

导出视频前的压缩是一个需要综合考虑多种因素的过程。通过深入理解视频文件大小的基本原理，选择合适的工具和参数，创作者可以有效地管理视频文件，同时确保视频的质量和视觉效果。

10.1.3 以正确的格式导出视频

在当今的多媒体环境中，视频内容的制作和分享日益频繁。为了确保视频作品在各种设备和平台上都能呈现出最佳效果，以正确的格式导出视频尤为重要。以下是一些正确导出视频以确保最佳效果的要点，如图 10–1 所示。

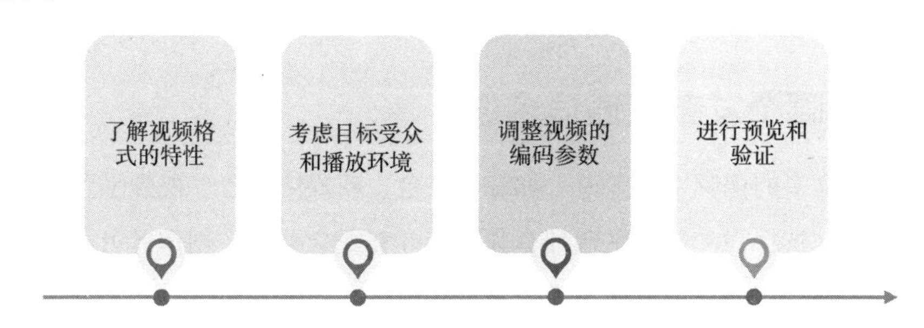

图10-1　正确导出视频的要点

首先，了解视频格式的特性是基础。常见的视频格式包括 MP4、AVI、MKV 和 WMV 等，每种格式都有其独特的编码方式和适用范围。MP4 以广泛的兼容性和占用较小的存储空间而受到青睐，MKV 则因能容纳多种类型的音视频编码和字幕信息而受到专业创作者的喜爱。

其次，考虑目标受众和播放环境。如果视频将在 Netflix、YouTube 或 TikTok 等流媒体平台发布，创作者通常需要遵循这些平台推荐的导出格式和规格。如果视频主要在移动设备上，选择一种在电池和网络条件有限的设备上能流畅播放的格式（如 HLS 或 MP4）是明智的。

再次，调整视频的编码参数，包括分辨率、帧率、比特率等。创作者需要在保证质量的同时，兼顾文件大小。例如，对于需要在线分享的视频，1080p、60fps 和比特率在 4000 ～ 6000kbps 的设置通常可以提供良好的视觉体验，并且视频体积不会过于庞大。

在导出时，大多数专业和消费级的视频编辑工具（如 PR、iMovie、VLC 等）都提供了预设模板，创作者可以根据目标平台和设备选择合适的预设。同时，这些工具也允许用户自定义设置，以满足特殊需求，如高动态范围（HDR）视频、高比特率音频。

最后，进行预览和验证是必不可少的环节。创作者在实际设备上播放导出的视频，确保其播放流畅、音画同步，同时检查颜色准确度和清晰度。如果发现问题，如画面抖动、声音失真等，可能需要调整编码设置并重新导出。

综上所述，有效导出视频需要创作者理解视频格式的特性，考虑目标受众和播放环境，选择合适的编码参数，并进行预览和验证。这些要点可以使视频能够在各种场景下呈现出最佳效果。

10.2 哪个发布渠道适合你

面对众多的视频发布渠道，如综合平台、新媒体平台、视频平台，创作者应该如何选择呢？每个平台都有其独特性和受众群体，创作者可以了解这些平台的差异，并根据自己的需求进行选择。

10.2.1 综合平台：微信、微博等

视频内容以直观、生动的特性，迅速占据了信息传播的主导地位。据统计，全球每天生成的视频数据量以惊人的速度增长，超过 80% 的互联网流量由视频内容贡献。这种趋势的崛起，使得选择一个合适的视频发布平台成为创作者和营销者必须深思熟虑的战略决策。

综合平台，如微信、微博等，已成为信息传播的中枢，它们具有内容多元化、用户基数大、包容性强等特征，融合了文字、图片、视频、直播等多种内容呈现形式，为用户提供了展示自我、表达观点、塑造形象的广阔舞台。

综合平台不仅是一个信息集散地，更是一个互动交流的社区，使得品牌或个人能够以更生动、更立体的方式呈现在公众面前。

舆情监测服务提供商 Meltwater 融文发布的《2024 年全球数字化营销洞察报告》显示，2024 年初，全球社交媒体用户数量已突破 50 亿名，这意味着企业可以通过这些平台触达潜在客户。

企业可以在公众号等平台定期发布与品牌相关的内容，如产品介绍、幕后花絮、用户评价等，吸引用户关注，提高品牌曝光率。同时，这些平台的互动功能，如评论、点赞、分享等，使得品牌与用户之间的沟通变得直接和

即时，有助于品牌与用户之间建立深层次的连接。

此外，综合平台的算法通常会优先推荐和显示用户可能感兴趣的内容，这为品牌内容的传播创造了天然优势。如果内容能够引起用户共鸣，或者提供有价值的信息，那么它就有可能被广泛分享，实现病毒式传播，从而提升品牌知名度和影响力。

然而，值得注意的是，虽然综合平台提供了很多机遇，但如何有效利用这些平台，制定符合品牌定位和目标受众需求的营销策略，却是一门需要深入研究和不断实践的学问。

作为信息传播的重要渠道，综合平台为企业和个人提供了展示自我、扩大影响力的舞台。通过精心策划和发布内容，并积极与用户互动，企业和个人可以有效提高品牌知名度，实现社交媒体营销的目标。

10.2.2 新媒体平台：抖音、小红书等

目前，新媒体平台，如抖音、小红书等，已经成为内容创作和品牌推广的重要渠道。选择合适的发布渠道对于创作者扩大影响力、吸引目标受众以及实现商业目标至关重要。那么，如何选择适合自己的新媒体平台呢？

在快节奏的现代生活中，年轻人更倾向于通过碎片化的时间来获取信息和娱乐，新媒体平台成为他们日常生活的一部分。据统计，抖音的日活跃用户已经超过6亿名，小红书的日活跃用户已突破1亿名，这充分证明了新媒体平台的影响力和吸引力。

在这样的环境下，创新、有趣、易于理解的视频内容在这些平台上往往能实现病毒式传播。例如，一些DIY手工制作教程、生活小窍门或者个人才艺展示的短视频，凭借其新颖性、实用性和趣味性，能够在短时间内获得大量点赞、分享和评论，甚至打造出网络红人。这种现象揭示了新媒体平台对内容创新性和传播效率的要求。

对于企业和品牌来说，如果目标受众是年轻人，或者产品、服务更适合通过视觉化的方式展示，那么新媒体平台无疑是一个极具价值的营销渠道。通过精心制作的短视频，企业不仅可以展示产品特性，还可以构建品牌形

象，与消费者建立深层次的互动关系。

OpenAI 已正式入驻抖音平台，短短四天便收获了高达 50 万次的点赞及 10 万名粉丝的关注。这一卓越成绩无疑彰显了 OpenAI 在抖音这一新兴媒体领域的强大影响力和广泛吸引力。

然而，新媒体平台的快速变化和用户偏好的多样性也给创作者带来了挑战。如何持续创新，制作出既符合平台特性又能够吸引用户注意力的内容，是每一个创作者都需要不断探索的课题。

新媒体平台以独特的形式和强大的传播力，为内容创新和品牌传播提供了无限可能。对于年轻人来说，它们是获取信息、表达自我和参与社会活动的重要窗口；对于企业和创作者来说，它们是接触目标受众、提升品牌影响力的重要工具。

10.2.3 视频平台：爱奇艺、优酷等

视频发布平台，如爱奇艺、优酷等，已经成为创作者和观众互动的重要桥梁。这些平台以其庞大的用户群体、丰富多样的功能设置和一键式分享机制，构建了一个无边界的数字世界，吸引了不同背景和需求的用户群体。

对于创作者来说，尤其是独立制作人和小型工作室，爱奇艺、优酷等平台为他们提供了展示才华的广阔舞台。他们可以通过上传原创视频吸引粉丝，甚至通过平台的广告分成和会员付费模式获得收入。据统计，这些平台的用户活跃度很高，每天都有数亿次视频播放量，为创作者提供了巨大的曝光机会。

对于企业来说，这些视频平台是进行在线营销和品牌推广的理想选择。企业可以制作产品介绍、品牌故事等视频，通过精准的定向广告将信息推送给目标消费者。同时，通过分析用户行为数据，企业可以优化营销策略，提高转化率。

对于普通用户来说，爱奇艺、优酷等平台则是一个内容丰富的娱乐和学习资源库。用户可以随时随地观看电影、电视剧、综艺节目、教育课程等内容，满足他们的休闲娱乐和自我提升需求。据统计，这些平台的视频内容几乎涵盖了所有领域，总时长超过数百万小时，用户可以根据自己的兴趣自由选择

内容。

然而，要想在这些平台上脱颖而出，无论是个人创作者还是企业，都需要制定有效的策略，包括但不限于：创作高质量、独特的内容以吸引和留住观众；了解并利用平台的推荐算法，提高视频曝光率；定期分析数据，调整策略，以适应用户需求的变化。

爱奇艺、优酷等视频发布平台为各类人群提供了丰富的机遇。无论是寻求表达自我、构建品牌影响力，还是寻找娱乐和学习资源，用户的需求都能在这些平台上得到满足。

10.3 数据追踪与优化

在当今这个信息爆炸式增长的时代，视频内容层出不穷。想要让视频脱颖而出，扩大传播范围，实现更好的宣传效果，数据追踪与优化就显得尤为重要。这个过程需要创作者持续关注核心数据和调整视频内容，以适应不断变化的市场需求和观众偏好。

10.3.1 关注浏览量、完播率等核心数据

浏览量和完播率是衡量视频内容质量的重要标准。为了提升作品的影响力和传播效果，创作者必须关注并优化这些核心数据，通过对这些数据的分析和对视频的优化，提升视频的质量和传播效果。

浏览量是衡量视频受欢迎程度的重要指标。浏览量越高，说明视频的吸引力越强，能够吸引更多观众观看。为了提高视频浏览量，创作者需要从以下几个方面入手，如图 10–2 所示。

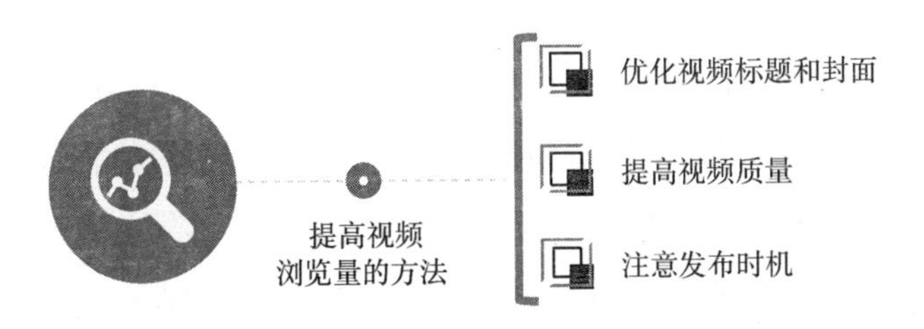

图10–2 提高视频浏览量的方法

（1）优化视频标题和封面。吸引人的标题和封面能够让视频脱颖而出，吸引用户点击。因此，创作者需要精心设计视频的标题和封面，使其具有悬念、引人入胜。

（2）提高视频质量。视频质量是观众是否愿意观看的关键。创作者需要保证视频画质清晰、音频流畅，同时注重剪辑技巧，让视频更具观赏性。

（3）注意发布时机。选择合适的发布时间也很重要。创作者可以根据目标观众的活跃时间来选择发布视频的时间，以提高视频的曝光率。

完播率是衡量视频质量的一个重要指标。完播率越高，说明观众对视频内容的满意度越高，视频影响力也就越大。为了提高完播率，创作者需要关注以下几个方面，如图 10-3 所示。

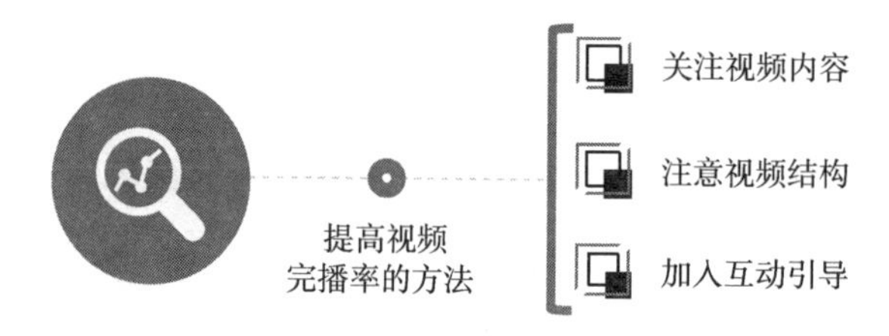

图10-3　提高视频完播率的方法

（1）关注视频内容。创作者需要提供有价值、有趣、有深度的内容，让观众在观看过程中收获知识和乐趣。

（2）注意视频结构。一个清晰的视频结构有助于观众更好地理解和接受内容。创作者需要注意视频的起承转合，确保内容连贯、易于理解。

（3）加入互动引导。在视频中加入互动环节，如弹幕、评论等，可以提高观众的参与度和完播率。

此外，创作者还需关注视频的发布渠道和推广方式。不同的观众群体偏好使用不同的社交媒体平台，创作者需要根据目标观众群体选择合适的发布渠道。同时，投入一定的推广费用，利用广告、搜索引擎优化等方式提高视频曝光度，也能有效提升视频的浏览量和完播率。

创作者还要持续跟踪和优化视频数据。市场环境和观众需求是不断变化的，创作者需要时刻关注视频数据的变化，以便及时调整策略。

视频数据的优化与追踪是一项系统工程，需要创作者从多个角度去关注和改善。通过对核心数据如浏览量和完播率的优化，创作者可以提升视频的质量和传播效果，从而在激烈的竞争中脱颖而出。

10.3.2 根据数据结果改进视频

视频作为一种传播迅速、受众广泛的媒体形式，已经成为众多企业和创作者争夺市场份额的重要手段。然而，仅仅制作出一个吸引人的视频是远远不够的，企业需要根据数据结果不断改进视频，提高其观看率和观众满意度，从而扩大视频的传播范围。

首先，企业要了解视频数据结果，包括观看次数、点赞数、评论数、分享数等。通过分析这些数据，企业可以得知观众对视频的喜好程度和关注点。在此基础上，企业可以对视频进行针对性优化。例如，分析观众在哪个时间段的观看比例较高，以便在后续的视频制作中，合理分配关键信息的呈现时间。同时，通过分析哪个年龄段观众的点赞、评论数量较多，可以了解哪些内容更符合观众需求，从而调整视频的叙事方式和表现手法。

其次，根据视频数据结果改进内容。如果发现观众对某个片段特别感兴趣，企业可以在这个地方增加详细的解释或展示更多的相关信息。这可以帮助观众更好地理解内容，提高他们的参与度。反之，如果观众对某个环节反应平淡，企业可以调整内容，增加悬念或趣味性。这样可以让视频内容更加紧凑、引人入胜。

再次，关注观众在评论区的反馈，了解他们对视频的诉求。观众可能在评论区提出建议、疑问或批评，这些都是企业优化视频的方向和依据。对于常见的疑问，企业可以在视频中提前做好准备，及时答疑。而对于批评、意见，企业要保持谦逊态度，认真反思并改进不足。

最后，企业还可以从竞争对手的视频中吸取经验。分析同类竞品视频的数据表现，了解它们的优点和不足，以便为自身视频的改进提供参考。同时，关注行业动态和热点事件，适时调整视频主题和内容，以满足观众的需求。

要想在激烈的竞争中脱颖而出，企业需要根据数据结果不断改进视频，提高观看率和观众满意度。

10.3.3 《山海秘境前传》为什么能有好成绩

悦享控股有限公司是一家以技术驱动的新一代移动互联网基础设施与平台服务提供商，其于2024年3月26日宣布推出原创AI文生视频动画短片《山海秘境前传》。这家公司凭借先进的AI技术，将我国先秦古籍《山海经》中的瑰丽想象转化为生动形象的动画故事，为广大观众带来了一场视觉盛宴。

《山海秘境前传》讲述了一个充满神秘色彩的故事：悦牛、悦兔带领异兽族群成功封印混沌，恢复山海境和平，探索更多山海经中未解之谜。该影片从美术设计、动效生成，直至后期剪辑，全流程均由悦灵犀生成式AI独立完成。

值得一提的是，《山海秘境前传》的创作离不开悦享AI大模型“北辰星悦”的强力支持。“北辰星悦”以其卓越的算力、产品性能以及响应速度，展现出其在AI领域的深厚实力。

“北辰星悦”能够生成包含多个角色、特定运动等元素的复杂场景，并且能够深度模拟真实物理世界，通过对图像的理解进行复杂的决策制定强大的能力使其得以应对各类复杂场景，实现多角度镜头的流畅切换，保持主体一致性，从而确保视频通篇连贯且质量上乘。

悦享控股有限公司始终秉持技术创新理念，通过运用AI技术，将古籍《山海经》中的神秘故事以动画形式呈现，为观众带来了视听盛宴。未来，悦享控股有限公司将继续深化AI技术在文化创意产业的应用，推动产业创新，为广大观众呈现更多精彩作品。

下篇

加速 AI 文生视频应用

第11章

AI虚拟人：打造新时代数字伙伴

在新时代，科技的发展日新月异，AI 技术得到广泛应用。其中，AI 虚拟人作为一种创新型的数字伙伴，正在逐渐走进我们的生活。通过深度学习、自然语言处理等先进技术，AI 虚拟人能够模拟人类的思维和行为，实现与人类的智能互动。

11.1 新产物：AI虚拟人

AI 虚拟人的诞生离不开多种先进技术的支持，包括计算机视觉、自然语言处理、语音识别与生成等。这些技术让 AI 虚拟人能够模拟人类的思维和行为，实现与人类之间的自然交流。

11.1.1 AI虚拟人生成将更加简单高效

在过去几年里，AI 技术取得显著进步，特别是在虚拟人领域。从最初的二维卡通形象到如今的三维立体形象，技术的不断创新使得虚拟人的形象越来越逼真，行为越来越智能化。

Sora 具有 AI 虚拟人生成能力，以其简单、高效的特性，为广大用户带来了便捷的虚拟人制作体验。

首先，Sora 降低了虚拟人制作门槛。过去，虚拟人制作涉及众多复杂流程，如角色设计、动画制作、语音合成等，这些都需要专业技能和丰富经验。Sora 提供了丰富的素材库和模板，用户可以根据自己的需求轻松地挑选和组合，快速创建出个性化的虚拟人。即使是没有专业技能的普通用户，也能轻松上手，制作虚拟人。

其次，Sora 提高了虚拟人制作的效率。在传统的虚拟人制作过程中，每一个环节都需要花费大量时间和精力。而 Sora 利用自动化和智能化的技术，大幅缩短了制作周期。例如，在语音合成方面，Sora 可以根据用户输入的文本自动生成相应的语音，避免了烦琐的配音过程。在动画制作方面，Sora 可以根据用户设定的角色、动作和表情，自动生成流畅的动画，大幅减少了人工调整的时间。

最后，Sora 还注重虚拟人的个性化表现。每个用户都可以根据自己的喜好，对虚拟人进行定制，包括外观、性格、技能等方面。Sora 通过深度学习等技术，让虚拟人具备更加智能化的行为和更丰富的情感表现，使得虚拟人更加立体、生动。

Sora 使得 AI 虚拟人生成变得更加简单、高效。它不仅降低了虚拟人制作的门槛，让更多的人能够参与到虚拟人制作中来，还提高了制作效率，节省了人力和时间成本。

11.1.2 价值分析：代言+口播+产品介绍

AI 虚拟人作为一种新兴的交互方式，受到了市场的广泛关注。AI 虚拟人不仅外表像人类，还能够模仿人类的语言、行为等，为用户带来新奇的体验。许多行业利用 AI 虚拟人开展营销活动，最大限度发挥 AI 虚拟人的价值，吸引用户目光。AI 虚拟人主要应用于 3 个领域，分别是代言、口播和产品介绍。

1. 代言

知名日化品牌屈臣氏在年轻化的道路上不断探索。为吸引年轻消费者目光，屈臣氏尝试自建虚拟 IP，推出了 AI 虚拟人“屈晨曦”作为代言人。

屈晨曦在屈臣氏的小程序中担任品牌顾问，针对不同消费者的不同需求，为其推荐合适的产品。屈晨曦能够与消费者进行游戏互动、语音聊天，为消费者提供专业化、个性化的服务。屈晨曦还作为主播参与品牌直播，在直播间售卖产品，赋能商品销售。

屈晨曦曾经以屈臣氏 AI 代言人的身份登上《嘉人 NOW》杂志封面。此次合作，标志着屈晨曦的业务范围进一步扩大，由聚焦美妆护肤向美丽生活一站式服务扩展。屈晨曦满足了消费者的多元化需求，增强了消费者的黏性，其人物形象立体而真实。

面对巨大的市场竞争压力，屈臣氏积极探索。推出屈晨曦是屈臣氏年轻化战略的重要举措，表明其更好地为年轻消费者服务的决心。

国货彩妆品牌花西子也打造了AI虚拟人“花西子”用以品牌代言。“花西子”传承东方文化，展现东方魅力。为了突出人物特点，花西子的制作团队认真钻研了我国传统面相美学，在建模时，特意在“花西子”眉间点了一颗“美人痣”，让其形象更有特色。

花西子基于精准的人群定位打造了“花西子”这一虚拟形象，并将这个形象运用到品牌推广的各个环节，使品牌与目标消费者产生更加紧密的情感连接，加深消费者对品牌的信任，从而促使其购买产品。

品牌打造AI虚拟人，能够潜移默化地传递品牌理念。面对“Z世代”（指1995年至2009年出生的人）的年轻消费者，AI虚拟人可以让品牌变得年轻化，更容易激发年轻消费者的潜在需求，满足他们对品牌的期待。

2. 口播

近年来，电商直播行业获得巨大发展，许多品牌都进入电商直播赛道，并研究如何在直播模式上进行创新。经过不断探索，一些品牌采用“虚拟主播＋真人主播”的模式，实现全天候直播，持续吸引消费者。

相较于真人主播全天候直播，“虚拟主播＋真人主播”的直播模式具有以下优势。

（1）虚拟主播能够延长直播时间，填补真人主播休息的时间空白。消费者随时进入直播间都有主播为他们介绍产品，能够获得更优质的购物体验，销售转化率得以提升。

（2）虚拟主播能够推动品牌年轻化，拉近品牌与年轻消费者的距离。例如，完美日记引入虚拟主播Stella进行直播带货，更好地服务消费者。

（3）虚拟主播是虚拟人物，人设更加稳定。虚拟主播的个人形象与言行由品牌方打造，无须担心虚拟主播人设崩塌。

例如，洛天依是一个由上海禾念信息科技有限公司推出的二次元虚拟偶像，一经问世就获得了大批粉丝的喜爱。在B站（哔哩哔哩弹幕网）控股上海禾念后，洛天依成为B站的“当家花旦”，举办了多场全息演唱会，参加了多家电视台的活动，影响力不断提升。

洛天依的火爆，使得其商业价值更加凸显，不仅演唱会门票火速售罄，其代言的产品也获得了大量粉丝关注。在直播带货领域，洛天依也有出色表现。洛天依进入淘宝直播间，作为虚拟主播推销美的、欧舒丹等品牌的产品，引发众多消费者关注。

除了虚拟主播与品牌合作进行直播带货外，一些品牌也开始孵化自己的虚拟主播，通过“真人主播＋虚拟主播”的直播模式进行全天候不间断直播。例如，自然堂推出虚拟主播“堂小美”。她不仅可以专业、流畅地介绍产品信息，还可以自然地和消费者互动，如和刚进直播间的消费者打招呼，根据消费者评论的关键字作出相应的答复等。

“虚拟主播＋真人主播”的直播模式能够给消费者带来新鲜感，同时也填补了空白的直播时间。这样无论消费者何时进入直播间，都有主播为其服务。虚拟主播的功能将越来越强大，为消费者提供更为贴心的服务，促进品牌营销革新。

3. 产品介绍

AI虚拟人还能够应用于产品介绍。例如，砂糖橘产业园四会桔业推出了其原创AI虚拟人“小桔”，为消费者提供农业领域的知识解答。

AI虚拟人“小桔”以线下一体机AI交互的形式与游客进行交互，通过语音对话，游客可以了解砂糖橘的生产过程，充分了解四会桔业的产品。除了线下的产品介绍，“小桔”还能进行线上直播，突破了传统农业直播形式，实现了虚拟主播助农，拓宽了农业领域的商业盈利路径。

目前，AI虚拟人市场正处于蓬勃发展阶段，并将会继续扩大规模，拓展到更多领域。在大数据、云计算、虚拟现实等技术的推动下，AI虚拟人的应用场景也会更加丰富。

11.1.3 Sora时代，AI虚拟人迎来“淘金热”

伴随着Sora的逐步完善，AI虚拟人将会成为资本市场的宠儿，越来越多地出现在大众视野，涉及影视、医疗等多个领域。AI虚拟人将会迎来“淘金热”。

《神女杂货铺》是一部将现代与奇幻完美融合的影视作品，讲述了一位现代女孩意外穿越进游戏的奇妙冒险。虽然这部作品并未成为轰动一时的“爆款剧”，但有一位演员在其中脱颖而出，吸引了众多观众的目光，她就是数字人“果果”。

“果果”并非传统意义上的演员，而是一位由AI生成的虚拟角色。在《神女杂货铺》中，她的表演达到了令人难以置信的真实程度。观众沉浸在剧情之中，如果不特别指出，很少有人能够察觉到“果果”其实是一位“非人类”演员。“果果”的形象如图11–1所示。

图11–1 “果果”饰演的叶拾一

随着技术的不断突破，AI已经渗透到与内容生产相关的各个领域，如影视行业。AI虚拟人“果果”的出道首秀，是AI在影视产业中取得的又一重要成果。

AI虚拟人在视觉上和角色塑造上达到了高度逼真的效果。通过编程和算法，AI虚拟人能够呈现出多样化的性格特点和行为模式，与真实人物一样具有鲜明的个性。这使得数字人在影视作品中能够扮演更加丰富多样的角色，从而增强了故事的吸引力和深度。

在虚拟医生方面，随着人口老龄化的加剧和各类慢性病的出现，人们对医疗资源的需求不断增加，传统医疗模式已经无法满足人们的需求。随着技术的不断发展，虚拟医生应运而生，人们能够获得更加高效、便捷的医疗服务。

虚拟医生能够为患者提供全面的医疗服务，主要包括以下几个方面，如图11-2所示。

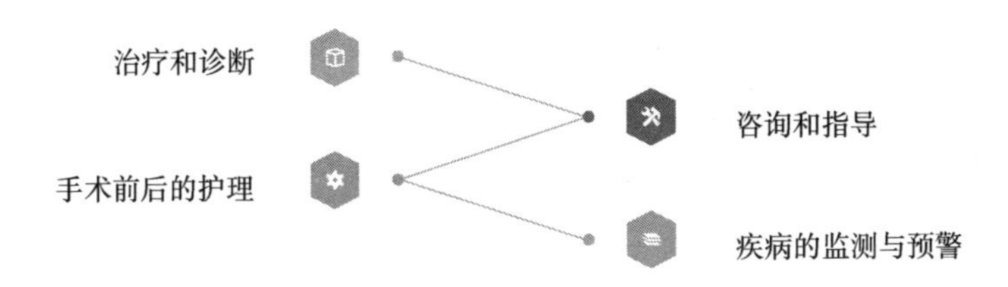

图11-2　虚拟医生能够提供的医疗服务

（1）治疗和诊断。虚拟医生能够根据患者描述的症状进行诊断，并制订相应的治疗计划。利用虚拟医生进行病情诊断，能够减少患者在门诊的排队时长，提高就医效率。

（2）咨询和指导。患者在日常生活中遇到健康问题都可以咨询虚拟医生。虚拟医生可以解答患者提出的健康问题，并为患者提供调养身体的建议。

（3）手术前后的护理。医生往往十分繁忙，可能存在叮嘱不到位的情况。虚拟医生能够利用AI技术模拟手术场景，帮助患者了解手术过程和风险，疏解患者的紧张情绪。手术后，虚拟医生也可以为患者提供康复指导，帮助患者更快地恢复健康。

（4）疾病的监测与预警。虚拟医生能够利用AI技术对患者的医疗数据进行监测与分析，并及时预警可能出现的健康问题。

11.2 小心AI虚拟人背后的隐患

AI虚拟人技术虽然为我们带来了便利，但也存在不容忽视的隐患。企业需要认真对待这些问题，采取有效措施加以防范和应对。只有这样，才能确保 AI 虚拟人技术健康发展，为社会带来更多福祉。

11.2.1 虚实难辨：深度伪造的风险

在为用户带来新奇体验的同时，AI 虚拟人也进一步增加用户识别视频真伪的难度。许多行业专家认为，AI虚拟人的普及可能会降低造假成本，造成深度伪造内容的泛滥，提高违法犯罪行为的发生概率。

一些国外明星就因为被深度伪造而陷入舆论旋涡，例如，美国知名女歌手泰勒·斯威夫特的声音和照片被合成在不良视频中。深度伪造指的是利用 AI 技术对图像、视频等进行篡改，生成高度逼真的图片、视频。而过于逼真的 AI 图片、视频可能会对网络生态造成不利影响，许多假新闻泛滥，使网络治理变得越发艰难。

深度伪造将会产生以下影响，如图 11–3 所示。

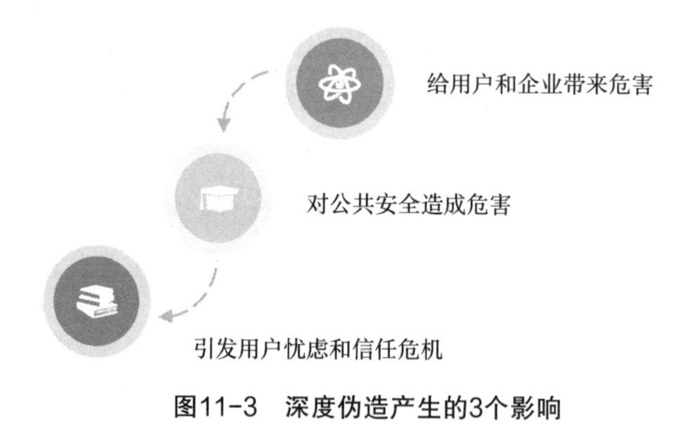

图11–3 深度伪造产生的3个影响

（1）给用户和企业带来危害。深度伪造技术往往被用于制作一些不良视频，而这可能会侵犯用户的肖像权、隐私权。深度伪造技术也可能被用于一些违法犯罪活动，如敲诈、勒索等。

（2）对公共安全造成危害。一些不法分子可能会利用深度伪造技术制作一些公众人物视频，产生不良影响。例如，不法分子利用 AI 生成视频软件生成一些公众人物未做过的“错事”，造谣惑众，对公众人物造成影响。

（3）引发用户忧虑和信任危机。深度伪造技术造成的假新闻泛滥可能会增加用户的忧虑，尤其是当用户对深度伪造进行深入了解后。用户在浏览视频时会对视频的真实性产生怀疑，从而产生信任危机，甚至对官方的澄清信息也持怀疑态度。

深度伪造是AI技术进步的产物，运用得当能够产生积极影响，运用不当则会产生负面影响。因此，相关部门、企业应当提高警惕，借助技术、法律等手段规避风险，推动AI健康发展。

11.2.2 版权是AI虚拟人的“坎”

随着AI技术的飞速发展，AI虚拟人在各个领域的应用越来越广泛。然而，版权问题成为制约AI虚拟人进一步发展的一大障碍。

AI虚拟人制作涉及多个方面，包括语音、图像、文字等。在这些方面，版权问题尤为突出。以语音合成技术为例，如果使用的音源未经授权，就可能侵权。同样，在图像和文字方面，如果创作者没有对涉及的素材进行严格的版权审查，同样可能引发版权纠纷。

AI虚拟人的表现形式多种多样，如何在确保不侵犯他人版权的前提下实现创新和突破，是创作者面临的一大挑战。在当前的版权环境下，创新往往意味着风险。创作者需要在尊重原创、保护版权的基础上，探索新的表现手法和创意，这无疑增加了开发难度。

然而，创作者也不能忽视AI虚拟人带来的机遇。随着AI技术的普及，越来越多的人开始关注和接受AI虚拟人。这意味着，AI虚拟人可以为创作者提供新的创作平台和市场空间，创作者可以充分发挥自己的想象力，创作出更多具有独特价值的作品。同时，AI虚拟人还可以帮助现有作品的版权所有者开拓新的盈利渠道，实现版权价值最大化。

总而言之，版权是AI虚拟人发展过程中必须跨越的门槛。解决这一问题，既需要创作者增强版权意识，自觉遵守法律法规，尊重原创，也需要政府在法律法规层面给予更多支持和指导。

此外，行业内部还需加强合作，共同探讨版权问题的解决方案，以推动AI虚拟人行业健康发展。只有这样，AI虚拟人才能在各个领域发挥更大作用，为人类社会带来更多便利和价值。

11.2.3 主动合规，用强监管加速发展

随着AI虚拟人技术的发展，越来越多的AI虚拟人进入我们的生活。但是AI虚拟人在版权、深度伪造方面存在隐患，想要获得进一步发展，需要主动合规，用强监管加速发展。

以Sora为首的视频生成软件的出现，意味着AI的发展已经达到一定的高度。如果不能对视频生成软件进行有效监管，就可能会出现一些大众不想看到的结果。

《人工智能伦理建议书》是联合国教科文组织发布的一个针对AI伦理的规范框架，里面提到了推进AI发展的10条原则；许多国家也发布了关于AI伦理规范的文件；一些企业作出表率，制定了相关规范。

AI的发展十分迅速，监管可能存在滞后性。此外，伦理问题十分复杂，各个国家和地区之间的标准不同。部分规定就像空中楼阁，不具备可操作性，难以落地。因此，相关部门应该细化相关规定，加强审查和监管，确保AI被用于推进人类社会发展的正途，而不是对人类社会的发展造成威胁。

11.3 实例：通过Sora打造AI虚拟人

AI虚拟人逐渐进入公众视野，为我们的生活带来前所未有的可能性。而在这股浪潮中，Sora以其卓越的性能和强大的功能脱颖而出，成为打造个性化AI虚拟人的重要工具。

11.3.1 明确Sora打造的AI虚拟人的角色定位与功能

AI虚拟人不仅具有高度的智能性和自主性，还能通过不断学习和进化，实现与人类思维和行为的高度契合。下文将对Sora打造的AI虚拟人的角色

定位与功能进行深入探讨，以期为 AI 领域的发展提供有益启示。

首先，企业要明确 AI 虚拟人的角色定位。Sora 作为一种大模型，其核心任务是实现对文本和视频的生成与理解。在这个过程中，AI 虚拟人不仅仅是一个技术手段，更是一个具有独立思考和判断能力的角色。

它可以分析、整合和归纳各种信息，为用户提供有针对性的解决方案。此外，AI 虚拟人还可以根据用户需求和反馈，不断调整和完善自身行为表现，与用户进行个性化互动。

其次，企业要确定AI虚拟人的功能。Sora具备强大的视频生成能力，可以广泛应用于多个领域，如新闻报道、影视创作、广告宣传等。AI 虚拟人可以通过学习大量文本和视频数据，掌握丰富的知识和技能，为各类场景生成高质量的内容。同时，AI 虚拟人还可以实现对用户需求的快速响应，大幅提高工作效率。

最后，AI 虚拟人在技术层面也具有显著优势。Sora 采用先进的深度学习技术和自然语言处理技术，使 AI 虚拟人在文本和视频生成方面具有较高的准确性和流畅度。此外，AI 虚拟人还可以实现多语言、多模态交互，进一步拓宽应用范围。

Sora 打造的 AI 虚拟人在 AI 领域具有重要意义。它不仅为各个行业提供了创新的解决方案，还为探讨人类与机器的关系提供了新的视角。企业要关注 AI 虚拟人的角色定位与功能，积极应对挑战，推动 AI 领域迈向新的高度。

11.3.2 注意AI虚拟人的形象

AI 虚拟人以其独特的魅力在广泛的应用领域脱颖而出，而这离不开像 Sora 这样的文生视频大模型的支持。

Sora 凭借其精湛的图像生成技术和深度学习算法，为虚拟人赋予了逼真的形象和生动的个性。用户可以根据自己的需求和喜好，定制属于自己的 AI 虚拟人，使其成为生活、工作、学习中的得力助手。

在形象方面，Sora提供的AI虚拟人具有高度的定制性。用户可以根据自己的审美观和需求，为虚拟人选择合适的发型、五官、肤色等外貌特征。此外，Sora 还支持用户自定义虚拟人的服装、饰品和背景，使其更加符合用户的个人喜好。

在 AI 虚拟人的表情和动作方面，Sora 同样表现出色。通过先进的动画生成技术，AI 虚拟人可以模拟出各种生动的表情和流畅的动作，为用户提供更为真实和自然的交互体验。无论是让虚拟人进行日常对话，还是演示复杂的概念，Sora 都能够轻松应对。

此外，Sora 生成的 AI 虚拟人还具备强大的学习能力。借助深度学习算法，AI 虚拟人可以了解用户的需求和习惯，从而提供更加精准和个性化的服务。随着时间的推移，AI 虚拟人将会变得更加智能和善解人意，成为用户的伙伴。

值得一提的是，Sora 不仅局限于个人用户，还可以为企业提供一站式服务。企业可以利用 Sora 打造具有品牌特色的 AI 虚拟人，用于广告宣传、客户服务、教育培训等，优化用户体验，提升品牌形象。

11.3.3　AI虚拟人的强大后期处理利器

AI虚拟人作为 AI 与虚拟现实技术的结合体，在多个领域得到广泛应用。那么，如何让 AI 虚拟人在视觉表现和互动体验上更加完美呢？在这里，我们不得不提到一个强大的后期处理工具——Sora，它有着以下几个优势，如图 11–4 所示。

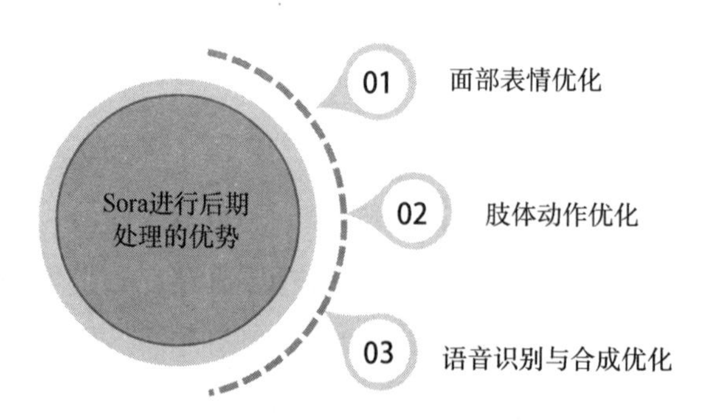

图11–4　Sora进行后期处理的优势

1. 面部表情优化

AI 虚拟人的面部表情是评判其真实感的关键因素。Sora 可以对虚拟人的面部表情进行细腻处理，使其喜怒哀乐表情更加生动逼真。此外，Sora 还能根据不同场景和对话内容自动调整虚拟人的表情，让其在与用户互动时更加自然。

2. 肢体动作优化

AI 虚拟人的肢体动作也是评判其真实感的一个要素。Sora 能够对虚拟人的肢体动作进行精细调整，使其行走、跑步、举手等动作更加流畅。同时，Sora 还可以根据场景和任务需求，自动规划虚拟人的动作路径和姿态，让其在与用户的互动中更具真实感。

3. 语音识别与合成优化

在与用户进行语音交流时，AI 虚拟人的语音识别和合成效果至关重要。Sora 具备强大的语音识别能力，可以准确捕捉用户声音，并对其进行实时分析。此外，Sora 还能根据用户意图和情绪生成与之匹配的语音回应，使虚拟人的回应更加符合用户期待。

Sora 具有高度的智能性和自主学习能力，可以对 AI 虚拟人进行全方位的后期处理，包括面部表情、肢体动作、语音识别与合成等多个方面。通过 Sora 的优化，AI 虚拟人在视觉效果和互动体验上都能得到大幅提升。

11.3.4 加入字幕、音效等

Sora 作为先进的 AI 模型，为 AI 虚拟人提供了全新的表现方式。通过为其加入字幕、音效等元素，创作者可以进一步提升 AI 虚拟人的交互体验和真实感。

Sora 能够根据文本生成高质量的视频内容。通过精准解析文本语义，Sora 能够创造出与文本内容相匹配的虚拟场景和人物动作。为了增强 AI 虚拟人的沟通效果，创作者可以为其添加字幕。

创作者可以根据 AI 虚拟人的讲话内容准备相应的文本，然后利用文生视频大模型，将文本转化为视频中的字幕。Sora 能够根据文本的内容和风格，自动生成合适的字幕样式，并将字幕安排在合适的位置，确保字幕与虚拟人的动作和表情保持同步。

音效是增强AI虚拟人真实感的关键元素之一。通过为虚拟人添加合适的音效，创作者可以营造出更加生动、逼真的场景氛围。

在添加音效时，创作者可以根据AI虚拟人的动作、表情以及所处的环境选择合适的音效。例如，当虚拟人走路时，可以添加脚步声；当虚拟人讲话时，可以添加语音效果。利用Sora的音频处理功能，创作者可以对音效进行编辑和调整，确保其与虚拟人的表现完美融合。

利用Sora，创作者可以轻松地为AI虚拟人添加字幕和音效，从而增强其交互体验和真实感，提升其表现力，使得它们更加符合人类的沟通习惯，更容易被观众接受和喜爱。

第12章

AI演示：在多场景下发挥价值

AI 正在逐步渗透到各个领域，并在不同场景下发挥独特价值。在享受 AI 带来的便利的同时，我们也需要确保 AI 技术健康发展，为人类社会进步贡献更多力量。

12.1 有了AI，演示更方便

如今，借助 AI 技术，演示变得更加便捷、高效。随着 AI 技术的不断发展和完善，我们可以预见，演示将会变得更加精彩纷呈。对此，我们不仅要紧跟时代步伐，还需努力提升自己的 AI 技术应用能力。

12.1.1 为演示匹配虚拟场景

在科技日新月异的今天，AI 正以前所未有的速度渗透到我们生活的方方面面，其中，AI 在视觉呈现与交互领域的创新应用尤为引人注目。一个新兴且充满潜力的领域便是利用 AI 文生视频模型为演示匹配虚拟场景，这不仅极大地丰富了演示形式，还深刻改变了信息传递与接收的方式，开启了演示体验的新纪元。

在为演示匹配虚拟场景的过程中，细节的处理至关重要。文生视频模型会深入解析演示文稿中的文字描述，从语义、语境到情感色彩，全方位捕捉文本的精髓。随后，基于深度学习算法，模型会生成一系列与文本内容高度匹配的图像帧，这些图像帧不仅要在视觉上符合文本的描述，还要在逻辑上保持连贯性，以形成流畅的视频内容。

为了进一步增强虚拟场景的真实感和沉浸感，文生视频模型还会考虑光照、阴影、材质等物理属性的模拟。例如，在构建一个古老的遗迹场景时，模型会模拟出不同时间段的光照变化，以及石材、木材等材质的纹理和质感，使观众仿佛置身于真实的历史环境中。

此外，文生视频模型还支持动态元素的添加，如流水、烟雾、风等自然现象，以及人物、动物等生物体的动作模拟。这些动态元素的加入，使得虚拟场景更加生动、立体，为演示增添了无限的想象空间和表现力。

文生视频模型为演示带来的沉浸式体验，不仅仅停留在视觉上。通过VR或AR技术，观众可以更加深入地探索虚拟场景中的每一个角落。他们可以在虚拟世界中自由行走、观察细节，甚至与场景中的元素进行互动。

例如，在教育演示中，学生可以通过VR头盔“走进”化学实验室，亲手操作实验器材，观察化学反应的实时变化；在旅游演示中，观众则可以“穿越”到世界各地的名胜古迹，近距离欣赏历史遗迹的精美细节。这种身临其境的体验方式，不仅提高了观众的学习兴趣和参与度，也极大地丰富了他们的知识和视野。

随着技术的不断进步和应用的不断拓展，文生视频模型的潜力将得到进一步释放。未来，我们可以期待更加智能化、个性化的文生视频模型出现。它们将能够根据观众的行为习惯、兴趣偏好等信息进行动态调整和优化，为每个人提供独一无二的演示体验。

同时，文生视频模型还将与其他先进技术，如自然语言处理、语音识别、机器学习等进行深度融合，形成更加完善的智能演示系统。这些系统将能够自动识别演示文稿中的关键词汇和主题思想，并自动生成与之相匹配的虚拟场景和互动元素，为演示者提供更加便捷、高效的演示工具。

12.1.2 简化演示流程，升级演示体验

传统的演示流程往往烦琐且耗时，从内容的准备、设计到最终的呈现，每一个环节都需要演示者投入大量的精力与时间。然而，随着AI技术的不断发展，这一切正在悄然改变。AI凭借其强大的数据处理与分析能力，能够自动完成演示内容的搜集、整理与编排，极大地减轻了演示者的负担。

通过自然语言处理技术，AI 能够深入理解演示的主题与目的，从海量信息中筛选出最相关、最有价值的内容，并以最适合演示的形式进行呈现。无论是文字、图片、视频还是音频，AI 都能根据演示的需求进行智能匹配与组合，生成既美观又实用的演示文稿。

此外，AI 还能自动优化演示的时间分配与节奏控制，确保整个演示过程流畅而有序。它可以根据演示内容的复杂程度与观众的反应，动态调整演示的进度与重点，使演示更加高效、精准。

AI 对演示流程的简化只是其魅力的一部分，更重要的是，它从根本上升级了演示体验，为观众带来了前所未有的视听盛宴。

首先，AI 通过智能分析观众的行为习惯与兴趣偏好，能够生成个性化的演示内容。这意味着每个观众都能根据自己的需求与喜好，获得定制化的演示体验。无论是教育领域的课程讲解、商务领域的产品推介还是娱乐领域的活动展示，AI 都能让演示更加贴近观众的心灵，激发他们的兴趣与共鸣。

其次，AI 还赋予了演示更强的互动性与参与感。通过语音识别与合成技术，AI 能够实时响应观众的提问与反馈，提供个性化的解答与引导。同时，结合 VR 与 AR 技术，AI 还能创造出沉浸式的演示场景，让观众仿佛置身于演示内容之中，与演示者进行更加紧密的交流与互动。

随着 AI 技术的不断成熟与应用场景的不断拓展，AI 演示将拥有更加广阔的前景与无限的可能。未来，AI 演示将更加智能化、个性化与沉浸化，能够满足各种复杂多变的演示需求与场景。在教育领域，AI 演示将为学生提供更加生动、直观的学习资源与个性化的学习路径；在商务领域，AI 演示将助力企业更好地展示产品、服务与文化理念，提升品牌形象与市场竞争力；在娱乐领域，AI 演示将带来更加丰富多彩的视听享受与互动体验，满足人们对美好生活的向往与追求。

12.1.3 多人异地同时感受演示效果

在远程协作和在线演示领域，AI 技术发挥着重要作用。通过 AI 技术的助力，多人异地同时感受演示效果成为可能，这大幅提高了工作效率和协同质量。

AI 技术通过强大的数据传输和处理能力，实现了高清、流畅的音视频同步传输。不论团队成员身处何方，借助网络连接，都能实时观看演示者的操作、聆听其讲解，仿佛置身同一会议室中。这种即时性增强了团队成员间的沟通效果。

在远程协作和在线会议日益普及的背景下，腾讯会议作为实时沟通工具，正受到广泛关注并应用于各类场景。其共享屏幕功能（如图 12–1 所示）为企业、学校和个人提供了便捷的实时沟通方式，提高了信息传递效率，打破了远程沟通障碍。在远程办公、在线教育以及团队协作场景中，共享屏幕功能成为不可或缺的工具。

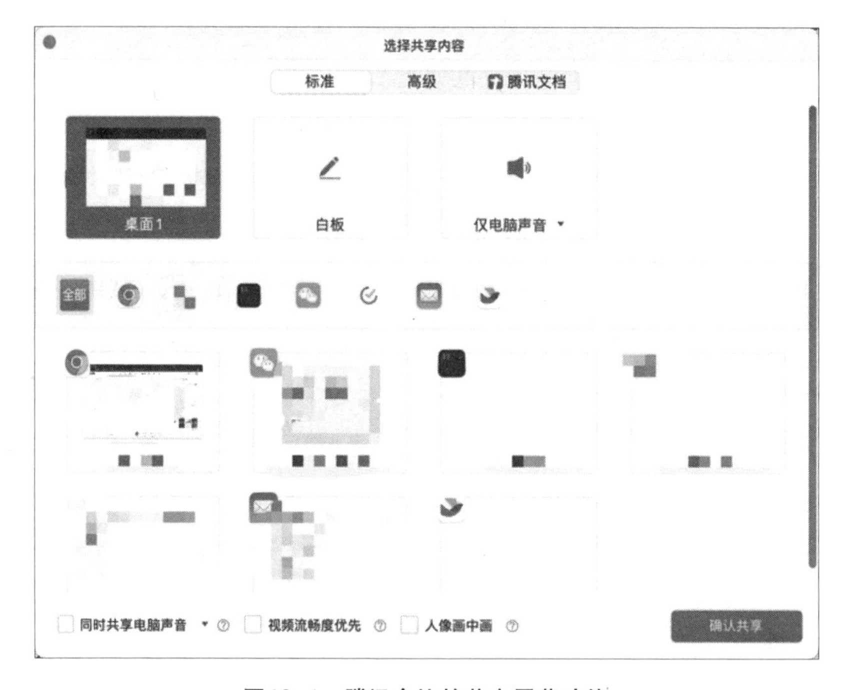

图12–1　腾讯会议的共享屏幕功能

腾讯会议的共享屏幕功能简单易用，无论是会议发起人还是参与者，只需在会议界面找到“共享屏幕”按钮，即可轻松实现屏幕内容的实时同步。根据实际需求，用户可以选择“共享整个屏幕”或“共享特定窗口”，让会议变得更加高效。

选择“共享整个屏幕”，会议参与者可以看到共享的整个桌面内容，包括正在操作的程序和文件。这有助于展示复杂的操作流程或多个文件之间的关联，让参与者更好地理解和学习。而“共享特定窗口”则是选择某个应用程序或窗口进行分享，如 PowerPoint 演示、浏览器页面等，便于展示和集中讨论特定内容，提高会议的效率和质量。

共享屏幕功能不仅在企业内部培训、产品演示中发挥着重要作用，还能助力团队讨论，促进跨部门沟通。通过实时共享屏幕，团队成员可以快速了解彼此的工作进度和成果，提高协作效率。同时，这一功能也为在线教育提供了支持，让学生和教师能够实时互动，提升学习效果。

腾讯会议的共享屏幕功能在远程协作、在线会议等领域具有广泛的应用价值。通过简单的操作，用户可以实现屏幕内容的实时同步，提高沟通效率，打破远程协作障碍。无论是企业、学校还是个人，都可以充分利用这一功能，更高效地工作和学习。

12.2 AI演示常见场景

AI 技术在现代社会中的应用越来越广泛，从日常生活中的各种智能设备，到工作学习中的自动化助手，都有 AI 的影子。在演示方面，AI 可以应用在多种场景中，下面介绍 AI 演示的常见场景。

12.2.1 场景一：产品操作演示

在产品演示领域，利用 AI 技术进行操作演示逐渐成为一种新趋势。这种创新方式不仅提升了产品演示效率，还为用户带来了更加直观和生动的体验。

一方面，AI 技术能够实现产品演示的个性化。通过智能算法，AI 技术可以根据用户需求和操作习惯提供个性化操作演示。这样一来，用户便可以在更短的时间内掌握产品的主要功能和操作方法，提高使用效率。此外，AI 演示还能够实现多语言、多终端切换，满足全球用户需求。

另一方面，AI 技术还能够为产品演示带来更加丰富和生动的表现形式。借助人工智能，产品演示可以实现动画、VR、AR 等多种表现形式，让用户在视觉、听觉等方面得到更优质的体验，从而更加深入地了解产品特点和优势，提高购买意愿。

AE 是一款动画设计与合成软件，广泛应用于各种领域，如产品演示动画、影视后期制作等，为用户提供了更多的创意可能性。

AE 显著特点之一是支持多图层编辑。这意味着用户可以在一个项目中同时处理多个图层，每个图层都可以独立进行动画制作和效果处理。这种编辑方式让用户可以自由调整动画的每一帧，从而实现复杂的产品演示效果。无论是想要制作流畅的过渡动画，还是创建独特的视觉效果，多图层编辑功能都能满足用户的需求。

除此之外，AE 还具备丰富的特效插件，包括光影、模糊、粒子等效果，可以为产品增色不少。通过这些插件，用户可以轻松地为素材添加各种视觉效果，提高产品的视觉吸引力。不仅如此，AE 还支持自定义插件，用户可以根据自己的需求开发独特的效果，让动画更具个性。

除了特效插件外，AE 还具备强大的三维渲染能力。用户可以在项目中创建和编辑三维图形，然后将其与其他元素合成。这意味着用户可以充分利用三维空间，创作出更具创意的产品演示动画。此外，AE 还支持深度合成，让用户能够更好地控制景深和光影效果，使产品演示动画更加真实。

AI 在产品操作演示领域具有广阔应用前景和巨大的发展潜力。我国高度重视 AI 产业发展，为企业创新提供了有力的政策支持和环境保障。企业应抓住机遇，积极研发和应用 AI 技术，提升产品演示效果，优化用户体验，以实现可持续发展。

12.2.2 场景二：历史故事演示

短视频以其简短、精练、易于传播的特点，迅速成为大众获取信息、进行娱乐的重要方式。在海量短视频中，利用先进的 AI 技术制作而成的历史故事短片凭借其独特魅力，获得了大量观众的青睐。

这类历史故事短片在继承了传统历史叙事的厚重感与深度之余，更通过AI技术的加持，使得历史故事以一种新颖、生动的方式呈现在观众面前。AI技术的运用，使得这些短片在场景构建、人物塑造、音效处理等方面都达到了前所未有的高度。观众仿佛穿越时空，置身于波澜壮阔的历史长河中，感受着古人的智慧与勇气。

例如，优酷与西安元素视界共同推出了国内首部历史AI动画纪录片《战神·英雄崛起》（如图12-2所示），这部作品在我国动画界乃至历史题材领域都具有里程碑式的意义。自上映以来，该片获得了观众的大量好评，口碑不断发酵。

图12-2 《战神·英雄崛起》人物

《战神·英雄崛起》以新颖的视角，通过AI技术对历史故事进行了生动再现。动画制作团队充分利用AI技术进行视频生成和动画制作，不仅提高了工作效率，更为传统动画产业注入了新的活力。在传统动画制作过程中，每一帧画面都需要花费大量时间和精力，而AI技术的引入，使得视频生成和动画制作变得更加高效。

该部AI动画片的成功推出，不仅体现了动画制作团队的辛勤付出，还是我国科技与文化产业融合发展的典范。通过将前沿科技与历史故事相结合，这部作品让更多人了解和传承我国悠久的历史文化，同时也为国内外动画市场提供了新的发展方向。

此外，AI 技术在动画制作过程中的广泛应用，也为我国动画产业带来了新的机遇。随着技术的不断进步，动画作品将在视觉效果、故事创作等方面实现更大突破，为观众带来更为丰富的视觉体验。《战神·英雄崛起》的成功，无疑为我国动画产业的发展注入了一剂强心针，激励广大动画工作者继续探索创新，为繁荣我国动画市场贡献力量。

利用 AI 技术制作的历史故事短片，以其独特的形式和魅力，成为短视频领域的一股清流。它们不仅丰富了短视频的内容形式，也为观众带来了更加深入、全面的历史文化体验。

12.2.3 场景三：经典学习案例演示

在数字化、信息化时代，为了提升员工的专业技能和综合素质，企业不断探索和创新培训方式。其中，利用视频形式向员工展示培训案例作为一种有效的教学策略，受到了越来越多企业的青睐。

在医疗行业，培训和教育方式一直在寻求创新和突破。传统的培训方式往往过于沉闷，难以引起医生的兴趣和专注。为了改变这一现状，某医院尝试采用一种全新的培训方法——组织医生观看医疗纪录片。这种方式不仅让医生在轻松愉快的氛围中学习，还能让他们借鉴实际操作案例的经验，提高救治能力。

这种创新的培训方法取得了显著效果。医生观看医疗纪录片时十分专注，目不转睛地注视着屏幕，以免错过任何一个重要的细节。这种专注程度是传统培训方式难以达到的。

某医院曾组织一场关于心脏病救治的纪录片观看活动。这部纪录片详细讲述了一位年轻医生救治心脏病患者的过程和其中的挑战。通过观看这部纪录片，医生对心脏病的发病机制、临床表现以及治疗方法有了更加深入的了解。这种直观的学习方式使得知识更加深入人心，有助于医生在实际工作中应用所学。

但这种培训方式需要精心剪辑，十分耗费时间与精力。这种情况随着Sora的出现有所缓解。作为一种先进的视频生成大模型，Sora拥有卓越的视频生成和处理能力。它能够根据不同课程培训的需求，精心制作和展示符合要求的视频案例。这种富有生动性的展示方式，让学习者能够身临其境地理解课程内容，从而提高学习成效。

Sora的视频生成和处理能力在教育培训领域具有重要意义。它不仅可以将抽象的理论知识以形象化的方式呈现，帮助学习者快速掌握，还可以为各类课程提供丰富的实践案例，帮助学习者理解实际应用场景。

此外，Sora还可以与其他教育工具和技术相结合，如虚拟现实、增强现实等，共同打造全新的教育教学模式，使学习变得更加生动有趣。

Sora强大的视频生成和处理能力为教育培训带来了诸多便利。通过生动的案例展示，Sora助力学习者更好地理解课程内容，提高学习效果。

12.3　实例：通过Sora生成演示视频

视频演示已经成为重要的交流和表达手段，不仅能够有效传递信息，还能够让观众身临其境地感受到演讲者的激情和专业素养。Sora作为一种先进的AI技术，以其强大的功能和智能算法，助力用户轻松生成高质量的演示视频，进一步提升沟通效果。

12.3.1　设计文案，迅速开始创作

借助AI模型Sora来制作演示视频，高效且富有创意。而精心设计的文案，则是打造出色演示视频的关键。

在利用Sora生成演示视频之前，创作者需要先设计一份独具匠心的文案。文案应当简洁明了，能够精准地传达核心信息，使得观众在短时间内快速理解视频主题。

同时，创作者还可以在文案中融入一些富有创意的元素，如幽默的比喻或引人入胜的故事，以增加视频的吸引力，让观众在轻松愉快的氛围中获取信息。具体应当遵循以下方法，如图12–3所示。

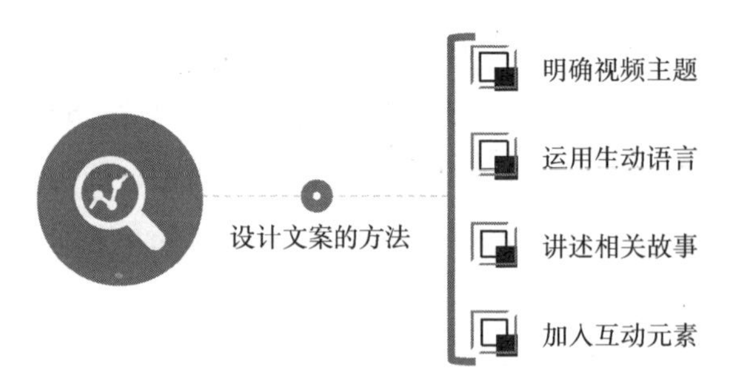

图12-3　设计文案的方法

首先，创作者需要明确视频主题，将核心信息以简洁明了的方式表达出来。例如，创作者需要介绍一款新型智能产品，可以说：“欢迎来到智能新时代，今天我将为大家揭秘一款颠覆传统的创新之作。”这样的开场白既简洁又富有吸引力，能够迅速吸引观众的注意。

其次，为了让观众更容易理解复杂的概念，创作者可以运用生动的比喻和幽默的语言。比如，介绍一款 AI 编程软件可以这样描述：“编程就像烹饪，代码就像食材，这款软件可以将食材组合并调味，能帮你轻松搞定各种烹饪难题，让你成为大厨。”这样的比喻既形象又有趣，观众更容易记住产品特点。

再次，引人入胜的故事也是文案中的重要元素。创作者可以讲述一个与产品相关的故事，来展示产品的价值和优势。例如，针对一款教育软件，可以这样讲述：“曾经有个学生使用我们的教育软件，成绩突飞猛进，最终考上了心仪的大学。今天，我们就来揭秘这款强大的教育神器。”这样的故事让人充满好奇，也使得产品更具说服力。

最后，创作者还可以在文案中加入一些互动元素，鼓励观众参与。例如，可以在视频中提出一些问题，引发观众思考：“你知道为什么 Sora 如此受欢迎吗？评论区告诉我们你的答案，最有创意的回答有机会获得我们的精美礼品。”这样的互动可以提高观众的参与度，让视频传播得更加广泛。

一份优秀的文案应当具备简洁明了、富有创意、引人入胜的特点。根据精心设计的文案，Sora 能够生成符合创作者需求的视频内容，让演示更具吸引力，为产品增色添彩。

12.3.2 后期处理，优化演示效果

Sora 凭借卓越的性能和广泛的应用价值，为视频制作带来了革命性创新。

Sora 拥有独特的功能和优势，在演示视频后期处理方面能够发挥重要作用。它不仅能够实现高效的视频自动化处理，降低人力成本，还能够为创作者提供更多创新的可能性。在短时间内，Sora 已经在全球范围内吸引了大量企业和创作者的关注，成为视频制作领域的新宠。

Sora 能够对演示视频进行精细的后期处理。在视频剪辑、色彩调整、特效添加等方面，Sora 凭借其强大的学习能力，能够自动分析视频内容，根据需要进行智能调整。这使得视频的画面更加清晰、色彩更加鲜艳，同时特效的添加也更为自然、流畅。这种精细的后期处理不仅能够提升视频的观感，还能够增强观众的代入感和沉浸感。

Sora 的出色表现得益于其独特的功能和优势。

（1）Sora 拥有强大的智能识别能力，能够准确捕捉视频中的每一个细节，为后期处理提供精准的数据支持。

（2）Sora 具备自动化剪辑功能，能够根据视频内容和风格自动调整剪辑方案，使作品更加符合创作者的意图。

（3）Sora 具备智能调色和特效功能，能够自动调整视频的色彩和光影效果，让画面更加生动逼真。

（4）Sora 还具备语音识别能力，能够与创作者进行语音交互，创作者无须手动输入文本。这不仅提高了视频制作的便利性，还为创作者提供了更多创新的可能性。

在 Sora 生成的鸟类视频中，鸟类的羽毛细节丰富，栩栩如生，让人很难相信这是 AI 生成的。以往，要想看到这样细腻的视觉效果需要花费大量的时间和精力进行 3D 建模，而现在，Sora 能在短短几分钟内完成任务，且生成效果稳定，在细节处理方面表现尤为出色。

Sora 在特效处理方式上的创新也值得我们关注。传统特效处理需要一帧

一帧地进行渲染，这个过程既耗时又烦琐。经过大量数据训练的Sora突破了这一瓶颈，实现了高效且高质量的特效处理。它能在短时间内完成复杂的特效处理，使得影视作品的制作难度降低。

此外，Sora 的出现还对影视特效行业的后期制作效率产生了显著影响。在 Sora 的帮助下，影视特效制作速度和质量都得到了提升，这意味着我们可以看到更多高质量的电影、电视剧和视频作品。

Sora 在演示视频领域展现出卓越的性能和广泛的应用价值。它以其独特的功能和优势为视频制作领域带来了革命性变革，让创作者能够更加轻松地创作出精彩的作品。

随着 AI 技术的不断发展和完善，Sora 将为视频制作领域带来更多创新的可能，助力视频产业发展。在这个过程中，Sora 也将继续完善，为创作者提供更为高效、智能的服务，打造良好的视频创作生态。

12.3.3 添加字幕，让视频更完整

视频制作与传播已经成为推动各行各业发展的重要手段，为了让视频内容更具吸引力和传播力，字幕的运用显得尤为重要。通过 Sora 这款工具，创作者可以轻松地为演示视频添加字幕，提升视频品质，使观众能够更清晰地了解视频内容。

在视频制作中，字幕不仅可以帮助观众理解视频中的对话和讲解，还能在视频内容较为复杂或语速较快时提供额外的信息补充，帮助观众更好地把握视频的主题和内容要点。此外，字幕还能在一定程度上弥补语言差异带来的传播障碍，让全球观众都能共享优质视频内容。

为了让字幕在视频内容中发挥更大作用，Sora 平台特别推出了便捷的字幕添加功能。创作者可以根据视频内容轻松选择合适的字幕样式、颜色以及显示位置，确保字幕与视频内容完美融合，为观众带来更好的观看体验。

为了满足不同创作者的需求，Sora 提供了多种字幕样式供创作者选择。这些样式各具特色，如简洁明了的字体、富有艺术感的字形，能满足创作者在不同场景下的需求。同时，创作者还可以根据自己的喜好调整字幕的颜色

和透明度，使其与视频画面更加协调。

在字幕位置方面，Sora 同样为创作者提供了丰富的选择。创作者可以将字幕放置在视频的底部、顶部或者其他任意位置，确保字幕不会遮挡视频的关键内容。此外，创作者还可以根据需要调整字幕的大小和显示时间，以便更好地呈现视频内容。

值得一提的是，Sora 还支持多种语言的字幕制作。这意味着无论观众来自哪个国家，都能够轻松理解和欣赏视频内容。这一功能在国际化背景下显得尤为重要，有助于扩大视频的受众范围，促进文化交流。

通过 Sora 这款工具，视频创作者可以轻松地为演示视频添加字幕，使视频更具吸引力和传播力。无论是从提升观众理解程度，还是从增强视频观赏性的角度来看，字幕的运用都至关重要。

第13章

AI广告：提高曝光度是终极目标

传统广告正在逐渐被数字化、智能化广告所取代，其中AI广告以其独特的优势脱颖而出。AI广告以提高曝光度为终极目标，运用先进的技术手段实现精准投放，提升品牌知名度，助力企业迅速占领市场。

13.1 宣传升级：AI广告更前卫

在这个“内容为王”的时代，广告的创意和多样性成为企业在市场竞争中脱颖而出的关键因素。为了使广告贴合用户的内心世界，引发情感共鸣，广告设计师一直在寻求提升广告创意的方法和手段。Sora的出现为广告设计师提供了前所未有的机遇，助力广告创意如泉水般不断涌现。

13.1.1 从广告1.0到广告3.0

广告行业具有悠久的发展历史，经历了多次变迁。下文梳理了广告行业的3次进化，如图13-1所示。

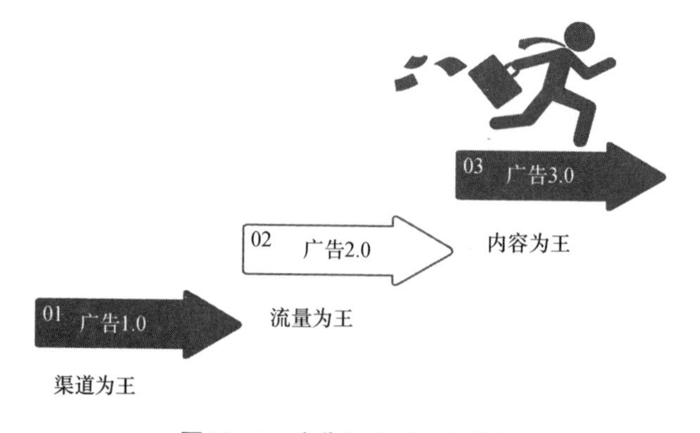

图13-1 广告行业的3次进化

1. 广告 1.0：渠道为王

在这一阶段，企业普遍通过海报、报纸、期刊、有线电视插播等形式推送广告。此时，具备创意策划能力的 4A（The American Association of Advertising Agencies，美国广告代理协会的缩写，后成为全球范围内规范化广告公司的代名词）公司和手握渠道资源的媒介拥有很高的话语权，广告对渠道的依赖性较强。

2. 广告 2.0：流量为王

互联网的蓬勃发展使企业宣传有了更为丰富的渠道，广告推送逐渐渗透到网络空间。在这一阶段，广告会出现在电脑屏幕右下角的弹窗、网剧片头、微信朋友圈、各种网站的导航页等地方。

在这一阶段，广告效果更容易被量化。网站浏览量、关键词检索次数、视频点击量等均以数据形式展现，企业以此评估广告流量。

在广告 1.0 和广告 2.0 时代，企业营销以硬广告为主。硬广告较为强势，能够帮助企业提升曝光率和知名度，但其互动性差、形式单一、渗透性弱，对用户的细分也不够精准。

3. 广告 3.0：内容为王

TMT（科技、媒体、电信）产业的蓬勃发展推动广告进入 3.0 时代。借助新媒体平台，企业能够以一系列创意表达来吸引潜在用户主动关注，广告的交互性和渗透力更强。从表达形式来看，这一阶段的广告分为内容营销、事件营销以及影视植入 3 种。

在新媒体加持下，企业宣传具有精准化、垂直化和内容化特点，对数据分析和用户画像的依赖性更强。

目前，广告呈现三大发展趋势：一是强调网红效应，通过洞察消费者心理，把控流行趋势，以 KOL（Key Opinion Leader，关键意见领袖）影响力带动粉丝经济。二是强调有效细分，如一线城市 25 岁以下男性，人群划分的精准度会直接影响广告效果。三是高转化率，通过网红效应与垂直细分，广告能够吸引一批特定用户，进而提升转化率。

13.1.2 品牌做广告，还要乙方吗

随着各类 AI 产品的出现，品牌广告创作更加便利。品牌方能够利用 AI 产品自行进行高质量广告创作，而无须乙方的协助。

通过 OpenAI 团队公布的生成视频我们可以看出，在个人层面，Sora 能够迅速创建个性化故事与家庭录像，使基于想象的概念可视化。在工作场景中，Sora 能够为新闻机构提供即时、可视化新闻报道，协助设计师进行建筑设计、游戏开发等。

由此可见，基于不同人群的创作需求，Sora 可以为其提供不同的辅助。折射到品牌广告场景中，Sora 能协助相关人员制作更为精细化的品牌广告，在提高工作效率的同时降低广告费用。

首先，Sora 能够自动生成视频内容，广告内容创作时间大幅缩短，内容创作成本大幅降低。

其次，品牌广告对内容多样性与创新性的要求较高，而传统内容制作耗时长、容错率低，相关人员无法快速试验和实现创意，难以避免陷入灵感缺失的困境，进而产生较大的创作压力。Sora 能够结合当下流行趋势与数据，快速生成具有创新性的视频内容，为品牌提供创作灵感。

最后，品牌广告以用户为核心，强调个性化服务。Sora 可以根据用户浏览、购买行为，社交媒体互动等数据，分析用户的购买偏好，生成面向特定用户群体的视频内容，并精准推送。这有助于企业缩短营销链路，为用户提供更优质的个性化产品和服务，提高潜在用户转化率与用户忠诚度。

13.1.3 小型创意团队开始兴起

近年来，随着 AI 技术的迅猛发展，视频生成领域取得了重大突破。其中，Sora 以其独特的视频生成功能，为众多小型创意团队提供了巨大便利，使得它们得以充分发挥创意，制作出丰富多样的视频作品。

Sora 是一种基于深度学习技术和大量优质素材库的智能创作工具。它具有高度的自主性和创新性，能够帮助用户快速制作出专业级别的视频作品。

Sora 通过对输入的文字描述的深入理解和解析，准确把握用户需求。这一过程所涉及的自然语言处理、计算机视觉等前沿技术，使得 Sora 能够理解文字背后的意义和情感，为后续视频生成提供精准指导。

Sora 会根据文字描述生成与之对应的视频，包括画面、字幕等。在这个过程中，Sora 运用了深度学习模型和大规模素材库，确保生成的素材与文字描述相匹配，同时保持较高的质量。

这对于小型创意团队而言，无疑是一种高效、快捷的创作途径。

Sora 还能够轻松应对各种类型的视频制作，包括动画、短片、广告等，其独特的生成技术能够根据用户需求自动匹配合适的素材和风格，为小型创意团队进行视频创作提供助力。这不仅节省了团队视频制作时间成本，还让他们能够充分发挥想象力和创造力，制作出独具特色的视频作品。

Sora 的视频生成功能有助于提高小型创意团队的创作效率。通过自动化生成视频素材，小型创意团队可以节省大量时间和精力，将资源投入更有价值的创意构思和项目策划上。此外，Sora 还能根据用户需求自动调整视频的画质、音效等参数，进一步提升创作效率。

传统视频制作需要投入大量人力、物力在后期制作上，而 Sora 可以实现一键式视频生成，降低了后期制作成本。同时，Sora 还能帮助小型创意团队节省设备、场地等资源投入，使它们具备更强的市场竞争力。

有了 Sora 的支持，小型创意团队不再受限于预算和人员配置。通过 Sora 的一站式服务，小型创意团队可以高效完成视频制作流程，包括策划、拍摄、剪辑、特效等。这使得小型创意团队能够在有限的资源下实现高质量多元化视频制作，提升整体业务水平。

同时，Sora 可以确保小型创意团队的作品具有高度的专业性和创意性。在竞争激烈的市场环境中，专业性和创意性是吸引客户的关键因素。在 Sora 的帮助下，小型创意团队能够凭借独具特色的作品在同行中脱颖而出，吸引更多潜在客户。

高质量的视频作品有助于提升小型创意团队的信誉。在客户眼中，视频作品代表了一个团队的专业能力和水准。当团队的作品在质量和风格上具有较高的水准时，客户会对他们更加信任，从而提升合作的概率。

13.2 AI广告的常见玩法

AI在广告行业的应用日益广泛，其独特的优势和创意能力使得广告行业焕发新的活力。从创意构思、投放策略到数据分析，AI正在深度参与广告的整个产业链。下面将详细介绍AI在广告领域的常见应用，包括自动设计和生成IP形象、在视频中融入品牌故事等。

13.2.1 自动设计和生成IP形象

从0到1生成IP形象，从创意到制作需要耗费许多时间和精力。然而，随着AI的发展和应用，设计师可以利用AI自动设计和生成IP形象，提高工作效率，创作出高质量的IP形象。

虚拟IP形象指的是存在于网络空间中，集成图形渲染、动作捕捉、深度学习等多种技术，具备外貌特征、表演能力、交互能力等多种人类特征的虚拟数字人。目前，虚拟数字人分为身份型虚拟数字人和服务型虚拟数字人两大类。

其中，身份型虚拟数字人多以虚拟偶像、虚拟化身的形态展现在大众面前，如“虚拟美妆博主”柳夜熙、“清华才女”华智冰等。服务型虚拟数字人多为企业的数字员工、虚拟业务员等，如阿里的AYAYI（如图13-2所示）、虚拟模特Lil Miquela等。

在OpenAI公开的一段视频中，一名戴墨镜的女性漫步在街头，不仅神态、动作自然，面部痘印也清晰可见。除此之外，施展魔法的男巫、教大家做面食的老奶奶以及在外星探索的宇航员等虚拟数字人，都展现出Sora生成虚拟人物的强大能力。

有科学家指出，Sora之所以能实现如此逼真的细节效果，是因为结合了MetaHuman的技术训练。MetaHuman基于UE5（Unreal Engine 5，虚幻引擎5），采用Nanite（一种虚拟几何系统）技术和VSM（Virtual Shadow Maps，虚拟阴影贴图）技术，能够创建逼真的数字人。

图13-2 虚拟人AYAYI

大规模地学习虚拟数字人样本，并结合人工神经网络，能够加深Sora对人脸表情与特征的理解，助力其借助3D建模和动画技术进行姿势预估及关键点预测。在此基础上，Sora可以对大量人脸数据进行处理、标注、推理和生成，并通过计算空间骨骼点位打造精细逼真的虚拟数字人，并将其应用于直播、互动、教育培训等场景中。

13.2.2 在视频中融入品牌故事

在激烈的市场竞争中，品牌独特的优势能够吸引用户并提高用户的忠诚度。短视频作为新型品牌宣传方式，能够有效推广品牌，提高品牌影响力。许多企业将品牌故事与短视频联系在一起，在视频中融入品牌故事，从而吸引用户目光。但是，这种形式对素材要求较高，需要企业选择生动有趣、内涵丰富的素材，并经过一定的剪辑构思，传递自身的思想和情感。

品牌故事由人物、场景和情节三部分构成。人物可以是基于现实生活的真实形象，也可以是基于故事设定的虚拟人设。场景既包括故事创作的场景，也包括用户观看和传播的场景。情节旨在体现反转或冲突。

为了吸引用户注意力，许多品牌故事会把高潮情节放在开头，并在结尾制造悬念。为了突出矛盾，加快节奏，许多品牌故事采用平行时空、交叉叙事等方式呈现。

Sora 推出后不久，OpenAI 邀请一众艺术家试用该模型。艺术家们利用 Sora 创作了一系列实验性短片，内容天马行空，富有超现实色彩。

其中，短片制作公司 Shy Kids 创作的《*Air Head*》短片既依托现实，又超越现实。视频展示了一个拥有黄色气球脑袋的男人在上班、逛商场、参加派对、徒步等多种情境下的状态。视频中男人的气球脑袋与肩膀完美衔接，而周围的人物、动物及其他物品生动逼真。现实与幻想结合，使整个故事的情节更具娱乐性。

OpenAI 和艺术家们并未公开创作短片的构思、流程和详细指令，究竟是输入了一段文字描述，然后按回车键生成，还是经过反复迭代，我们不得而知。但是我们可以知道，Sora 能够应用于讲述品牌故事，这对创作者的叙事能力提出了更高要求。

Sora 能够快速且高质量地进行概念创作，既变革了传统创作过程，也促使创作者提升故事讲述能力，在更少的技术限制下充分表达想象力。

在品牌营销领域，虚拟数字人的商业价值越发凸显。随着二次元文化与元宇宙概念崛起，企业应该深入洞察“Z 世代”消费者的需求，借助虚拟代言人实现破圈。

目前，虚拟代言人分为两种：一种是品牌方结合自身品牌调性自主打造的虚拟数字人形象，如网易的虚拟主播“曲师师”、与品牌同名的虚拟形象“花西子”等；另一种是品牌方与外部团队打造的虚拟数字人开展商业合作，例如，汰渍与虚拟歌手洛天依合作、梦龙与虚拟偶像 imma 合作等。

通过 Sora 的研发和训练我们不难看出，技术的进步使虚拟代言人的规模化生产成为可能。首先，CV（Computer Vision，计算机视觉）技术的持续发展，使虚拟代言人的生产流程得以优化，制作、训练以及运营成本均有不同程度降低。

其次，语音合成、自然语言理解、指令遵循等智能交互技术日渐成熟，虚拟代言人能够更加充分地学习多维度知识，合成的声音更加真实、自然，在直播场景中能够与用户实时互动，实现多轮对话。

最后，动作捕捉技术与Sora相结合，能够提升虚拟代言人的动作真实性与表现力，使其表情更加生动自然，动作更加流畅。

随着Sora的不断发展，品牌既可以复制现实主播形象，也可以另行打造虚拟代言人。高度智能化的虚拟主播可以24小时直播，还能实时回答观众问题，给出个性化建议。

13.2.3 新模式：社交平台+AIGC创作社区

AI和社交作为两条十分火热的赛道，在发展过程中相互结合，形成了“AIGC+社交”的全新模式。两者的结合，使得社交应用呈现出一种全新的趋势——“强社交+强开放”。

一方面，企业越发重视开放生态的构建，不断在社交产品中融入多元化的内容模块和更多社交元素，使得二者的界限逐渐变得模糊。企业试图通过“创作+分享”的模式深度吸引并留住用户，让社交体验更加丰富多元。

另一方面，以Sora为代表的生成式AI成为焦点，企业积极探索和挖掘这些创新技术带来的社交新玩法与消费场景，为用户带来前所未有的社交体验。

例如，微信是典型的强社交应用，而视频号、小绿书模块就是其做出的开放化尝试，力求让微信生态从熟人互动走向更为开放的广场式互动。抖音是典型的强开放应用，“发日常”“一起看视频”功能以及语音、视频通话则强调一对一互动，强化社交属性。

从用户价值角度来看，社交产品通过差异化功能吸引特定用户群体并与其建立关系，并借助多元化的互动形式不断拓展关系网络。当关系密度达到一定水平时，网络效应便会显现，促使不同圈层之间交融，进而产生复合价值。

从商业价值角度来看，社交产品普遍通过广告、会员服务等形式盈利，商业模式较为单一。而强开放意味着内容和消费场景更加多元化，商业模式有了更大创新空间。

对于社交产品而言，创新商业模式需要从年轻用户视角出发，如小红书的“种草”模式，抖音的 KOL 带货、虚拟偶像模式等，都是以图文创作创新场景，探索商品推介、广告投放的可能性，挖掘流量转化的巨大潜力。

Sora 的出现为 AIGC 带来突破性进展，进一步推动自然语言理解、多模式深度学习等技术的迭代优化。AIGC 能够与“强社交 + 强开放”平台融合，从用户、产品层面带来更多价值。

从用户层面来看，AIGC 能够在文本、图像、语音、视频等多领域进行内容生成，以智能对话、情感陪伴等形式提升用户参与度和归属感，进而不断拓展社交边界。

从产品层面来看，AIGC 使得社交产品各功能实现融合统一。通过积累数据、深度学习和算法提升，AIGC 可以在合适的时间、地点向用户推送有共同兴趣的人，并推荐合适的话题，提升关系网络构建效率与质量，从多维度满足用户的交友需求。

从商业价值角度来看，以 Sora 为代表的 AIGC 应用能够为社交平台提供更为精准的流量支持。基于对用户的个性化分析，AIGC 能够为其推送定制化的线上、线下服务，进而为企业带来更大的流量。

13.3 实例：通过Sora生成宣传片

Sora 为企业提供了一种高效、便捷、创新的广告宣传片解决方案。借助这一工具，企业可以轻松打造独具创意的广告大片，提升品牌形象，拓宽市场渠道。在激烈的市场竞争中，早一步选择 Sora，企业就能早一步赢得市场先机。

13.3.1 设计一个广告类视频的文案

在现代广告营销领域，利用先进技术和创新思维，企业可以将广告效果提升到一个新的高度。Sora 能帮助企业轻松生成广告宣传片，然而，要想确保广告内容的吸引力和有效性，企业还需要遵循以下步骤来构思一份广告类视频的文案，如图 13–3 所示。

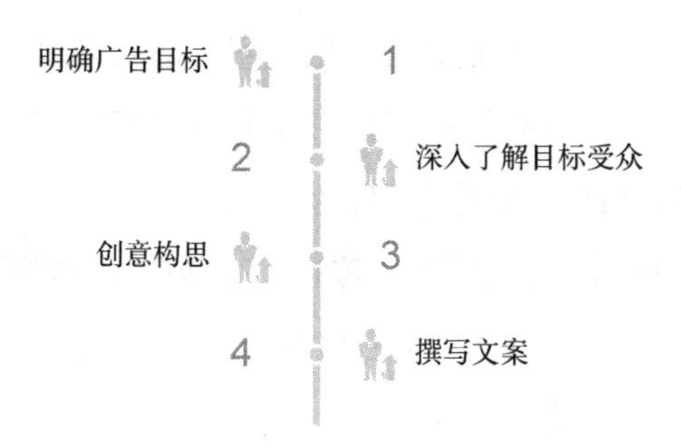

图13-3　构思广告类视频文案的步骤

1. 明确广告目标

在进行广告文案创作之前，企业需要清楚地了解广告的目标，如提升品牌知名度、推广新产品、强化品牌形象等。明确目标有助于企业有针对性地进行文案创作，确保广告内容的有效性。

2. 深入了解目标受众

要想打动消费者，必须了解他们的需求、喜好和痛点。通过对目标受众的深入分析，企业可以找到与他们沟通的最佳方式，使广告内容更具吸引力。

3. 创意构思

在明确广告目标和了解目标受众基础上，企业可以开始创意构思。这是一个充满想象力的过程，要求企业将产品特点、品牌文化与消费者需求巧妙结合起来。创意构思阶段产生的各种有趣的想法，为后续文案撰写和视频制作提供素材。

4. 撰写文案

在完成创意构思后，企业可以开始撰写广告文案。在这一阶段，要注意语言的表达方式、句式及修辞手法的运用等，力求让文案简洁明了、富有感染力。同时，文案要紧密围绕广告目标，突出产品优势，强化品牌形象。

有了精彩的文案，企业还需要将其转化为视觉形式。在视频制作过程中，企业可以运用各种影像技术、音效和动画效果，让广告更具吸引力。此外，根据文案内容，企业还可以选择合适的场景、角色和故事情节，让广告更具感染力。

广告视频制作完成后，企业要将其投放到合适的渠道，如社交媒体、短视频平台、网络电视等。在投放过程中，企业要持续关注广告效果，通过数据分析了解消费者的反馈，以便后续优化调整。

综上所述，利用 Sora 生成广告宣传片，企业需要先明确广告目标、进行受众分析、创意构思、撰写文案。通过不断实践和优化，企业才能打造出具有吸引力的广告作品，提升品牌价值。

13.3.2 宣传片的后期制作工作更重要

在视频制作领域，后期制作是一个复杂且耗时的环节，它要求团队紧密协作，以完成剪辑、特效添加、音效合成等一系列工作。然而，随着 AI 技术不断发展，以 Sora 为代表的 AI 工具开始应用于宣传片制作中，为后期制作提供了全新的解决方案。Sora 在宣传片后期制作中的应用，如图 13-4 所示。

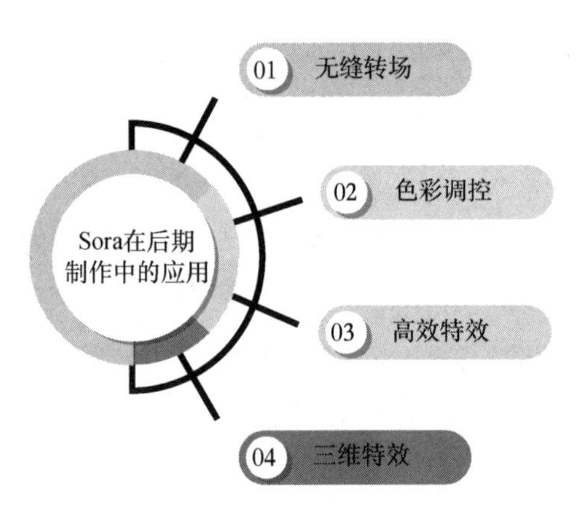

图13-4 Sora在后期制作中的应用

1. 无缝转场

在传统的后期制作中，制作转场特效是一个耗时耗力的环节。制作人员需要凭借丰富的经验和精湛的技艺对转场效果进行精细调整。而 Sora 的出现，让这一切变得简单。它具备一键无缝转场的能力，可根据场景元素如环境、季节等，自动进行转场处理。无论是室内到室外，还是白天到黑夜，Sora 都能实现完美过渡，让观众沉浸在连续、完整的故事中。

2. 色彩调控

色彩调控在宣传片制作中具有重要意义，它不仅关乎画面的视觉效果，还会直接影响观众的情感体验。Sora 具备自动分析视频色彩分布和光线条件的能力，可以智能调整色彩平衡、对比度、饱和度等参数，使画面更加鲜艳、生动。在此基础上，Sora 还能根据场景氛围自动调整画面色调，让宣传片更具艺术感染力。

3. 高效特效

在宣传片制作中，特效制作对团队技术要求较高。Sora 凭借独特的算法和强大的计算能力，能在短时间内完成高质量的特效制作。无论是复杂的场景渲染、人物动画还是特效合成，Sora 都能轻松应对，呈现出令人惊叹的效果。

4. 三维特效

Sora 的特效处理能力不仅限于传统的 2D 特效，还能应对更为复杂的 3D 特效制作。这使制作团队能够更加灵活地运用各种特效技术，为观众呈现出更加逼真、震撼的视觉效果。随着 3D 技术的不断发展，Sora 将为宣传片制作带来更多可能。

Sora 能够依据预设的算法和规则自动分析宣传片，精准地识别出关键镜头，并进行高效剪辑。这不仅提高了剪辑的效率，还降低了人为因素导致的出错率，使得剪辑质量得到显著提升。

Sora 等 AI 工具的出现，为宣传片后期制作带来了前所未有的便利。它们不仅能够自动完成部分烦琐的工作，还能够根据制作人员需要进行个性化调整，满足其多样化需求。尽管如此，我们仍然需要认识到，它们只是工具，无法完全替代人类的专业素养和创造力。因此，在宣传片制作中，AI 工具与人类制作人员合作显得尤为重要。

13.3.3 Sora应用于宣传片制作的意义

当前宣传片的拍摄手法更加智能化和个性化。借助 Sora，企业可以提升宣传片制作效率，使之更具吸引力和说服力。

首先，Sora 在宣传片制作中的应用，使得广告创意更加丰富多样。借助 Sora 的算法和大数据分析，企业可以根据不同的受众群体和市场需求，制定出极具针对性的广告策略，提升品牌形象和知名度。

其次，Sora 为宣传片制作提供了高效的协同工作方式。在传统宣传片制作中，策划、创意、拍摄、剪辑等环节往往需要大量人力物力，且耗时较长。而借助 Sora，各个环节可以实现无缝衔接，大幅缩短了制作周期，提高了制作质量。

最后，Sora 在宣传片制作中的运用，可以使得广告效果评估更加科学准确。通过对大量数据的挖掘和分析，企业可以实时监测广告投放效果，为后续优化提供有力支持。这有助于企业更好地把握市场动态，实现广告资源的合理分配。

Sora 制作的宣传片为观众带来了全新的交互体验。通过虚拟现实、增强现实等技术的应用，观众可以沉浸式的体验宣传片所传达的信息。同时，Sora 还可以实现智能语音识别、个性化推荐等功能，进一步提升观众的参与度和满意度。

将 Sora 应用于宣传片制作，能实现更佳的传播效果，提升产品或服务的市场份额。在宣传片制作中，创作者要不断探索和创新，充分利用 AI 技术，为观众带来更好的广告体验。

13.3.4 奇妙的Pizza广告是如何生成的

推特网友 Pizza Later 分享了一部由 AI 生成的比萨广告。这部广告片的制作过程颇具创新性，所有元素均由不同的 AI 创作完成。据 Pizza Later 透露，制作这部广告总共花费了 3 小时。

在这部广告片中，ChatGPT 负责撰写脚本，Midjourney 负责制作静态图像，Runway 负责制作视频片段，ElevenLabs 负责配音，Soundraw AI Music 负责音乐创作。可以看出，多款优秀的 AI 工具，共同打造了一部富有创意的作品。

尽管这部 AI 生成的广告片存在一些问题，例如，人物吃比萨的位置不够准确，有人甚至将比萨和盘子一起吃掉等，但这些瑕疵却让广告更具话题性，让人印象深刻。

事实上，这部广告片的成功之处不仅在于其富有创新性的制作方式，更在于它展示了 AI 在各个领域的广泛应用。随着 AI 技术的不断发展，将有更多类似的作品涌现，进一步推动广告创意的发展。同时，这也为我们提供了一个思考方向：在 AI 帮助下，如何创作出更具创意和吸引力的作品？

AI 拥有强大的图像识别和处理能力，可以为比萨广告提供精美的视觉素材。通过深度学习技术，AI 可以理解并生成具有吸引力的图片和视频。在比萨广告中，AI 可以生成诱人的比萨饼和配料，让消费者一眼就能感受到美食的诱惑。同时，AI 还可以根据消费者喜好，为不同受众定制专属的视觉风格，使广告更具个性化。

这部由 AI 生成的比萨广告为我们揭示了 AI 在影视制作领域的巨大潜力。尽管目前尚存在一些不足，但相信在不久的将来，AI 将为广告制作带来更多惊喜。

第14章

AI游戏：迎接游戏黄金发展期

AI 技术为游戏行业注入了新的活力，推动了游戏产业进入黄金发展期。随着 AI 技术的不断进步，游戏行业将实现更多创新和突破，为广大玩家带来更优质的游戏体验。

14.1 AI时代的游戏变革

在科技飞速发展的今天，“Sora+ 游戏”的新模式是娱乐产业的一次重大创新。它以全新的姿态，打破了传统娱乐方式的局限，为整个生态的变革注入了强大动力。在这个新模式中，游戏不再是单一的娱乐形式，而是转型升级为一种全新的生态。

14.1.1 自动生成游戏演示视频

在游戏开发过程中，开发者需要面对如何将他们的创意和想法有效地呈现给外界的挑战。一个吸引人的游戏演示视频可以提升游戏的知名度和吸引力，进而帮助开发者获得更多的投资者和玩家的关注。Sora 作为一款强大的工具，为开发者提供了一个快速、便捷的方式来生成高质量的游戏演示视频。

Sora 的易用性和高效性使得开发者能够迅速地将游戏内容转化为吸引人的演示视频。通过简单操作，开发者就能够将游戏中的关键场景、角色、音效等元素完美地融合在一起，打造出一个充满动感和创意的演示视频。

一个充满动感和创意的演示视频，不仅能够吸引投资者的目光，让他们对游戏的前景充满信心，更能够激发玩家的兴趣，玩家会被深深吸引，迫不及待地想要亲自体验。玩家强烈的兴趣转化为实际的游戏下载量和用户活跃度，为游戏的成功打下坚实基础。

对于新手玩家来说，Sora 生成的演示视频是一本生动实用的教科书。游戏演示视频不仅展示了游戏的精彩瞬间，更重要的是为新手玩家提供了一个直观的学习平台，让他们能够从中汲取经验和技巧。

在游戏世界里，对于新手来说，熟悉和掌握游戏的玩法和规则是至关重要的。Sora 生成的演示视频正好满足了这一需求。通过观看演示视频，新手玩家可以清晰地看到游戏中的各种操作，从而更快速地理解游戏的基本框架和规则。

更重要的是，演示视频还为新手玩家提供了学习高手操作技巧和策略的机会。在游戏中，高手的操作往往令人叹为观止，他们不仅能够熟练地掌握各种技巧，还能够灵活运用策略来应对各种情况。

尽管 Sora 在游戏演示视频生成领域具有诸多优势，但也面临着一些挑战。未来将有更多具有创意和实用性的游戏演示视频诞生于 Sora 平台。很多游戏开发者和 AI 研究者共同努力，迎接挑战，克服各种困难，推动 Sora 等文生视频大模型在游戏领域进一步发展。

14.1.2 沉浸式游戏：打造虚拟世界

在现代游戏开发中，创造富有生动性和多样性的角色和场景至关重要。Sora 通过深度学习算法，从海量的图像和视频数据中汲取智慧，掌握真实世界的视觉特征和规律。这使得 Sora 具备强大的模拟能力，能够根据游戏开发者的描述、概念和设计思路，快速生成各种虚拟角色的外貌、服装、表情等，使游戏中的角色更生动、个性化。

在传统的游戏开发过程中，制作一个高质量的虚拟场景往往需要耗费大量的时间和人力资源。开发者需要手动调整每一个细节，以确保场景的真实感和沉浸感。这不仅需要高超的技术水平，还需要耐心和毅力，很容易出现错误和偏差。

而有了 Sora 的帮助，这些烦琐的工作都可以得到较大程度的简化。Sora

凭借其高效性和准确性，能够快速生成高质量的虚拟场景，大幅减少开发者的工作量。开发者可以更加专注于创新和创意，为游戏增添更多特色和亮点。

Sora 的准确性得益于其强大的数据分析和处理能力。它能够准确捕捉开发者的意图和需求，生成符合要求的虚拟场景。这大幅减少了游戏开发过程中的错误和偏差，提高了游戏的整体质量。

Sora 凭借其强大的技术实力，能够精准地还原开发者心目中的宏伟建筑。无论是高耸入云的摩天大楼，还是别具一格的古老城堡，Sora 都能够将其细节之处呈现得淋漓尽致。建筑物的纹理、光影效果以及动态互动等方面，Sora 都能完美呈现，为游戏世界增添了一份真实感。

除了建筑物外，自然环境也是游戏世界不可或缺的一部分。Sora 在自然环境的设计上同样表现出色。它能够还原细腻而逼真的自然景色，如蓝天白云、绿树成荫、潺潺流水等。而这些自然景色又与游戏世界中的其他元素相互融合，构成了和谐而美丽的游戏世界。

此外，Sora 还能根据开发者的需求，为游戏创作出独特的角色。这些角色不仅外观各异，而且性格鲜明，各具特色。无论是英勇善战的战士，还是聪明伶俐的魔法师，Sora 都能将其特点展现得淋漓尽致。而这些角色设定，也为游戏注入了更多活力和趣味性。

Sora 为游戏开发者提供了全新的创作工具。它通过深度学习算法，将虚拟世界的创造带入一个全新的纪元。无论是角色设计还是场景构建，Sora 都能够为开发者提供便利和灵感。

14.1.3 丰富游戏的剧情，保证代入感

借助 Sora，玩家不再只是被动地接受游戏开发者设计的剧情，而是可以亲自参与到游戏开发中，实现自己的游戏故事构想。

Sora 的出现，打破了传统游戏开发者与玩家之间的界限。在传统的游戏模式中，玩家往往只能按照游戏开发者设计的剧情和规则进行游戏，而 Sora 则赋予玩家更多自主权。玩家可以通过 Sora 平台提供的丰富工具和素材，自

由设计游戏场景、角色、剧情等元素，实现自己的游戏故事构想。这种互动式游戏创作模式，让玩家在游戏过程中体验到更多的乐趣和成就感。

Sora的出色表现，不仅在于其强大的技术实力，更在于其对玩家需求的深刻理解和满足。在Sora的世界里，每一个玩家都是创作者，他们可以通过自己的选择和创作，塑造出属于自己的游戏世界。这种全新的游戏体验，让玩家在享受游戏的同时，也能够展示自己的创造力和想象力。

在Sora平台上，玩家可以通过组合不同的游戏元素，打造出独一无二的游戏世界。比如，热爱冒险的玩家可以设计一款以探险为主题的游戏，在游戏中感受到探险的刺激和乐趣；喜欢浪漫故事的玩家则可以设计一款以爱情为主线的游戏，在游戏中体验爱情的甜蜜和温馨。

Sora的实时反馈机制，不仅为玩家提供了一个直观、便捷的优化工具，还在游戏剧情设计中发挥着至关重要的作用。想象一下，玩家在创作剧情时，不再需要等待漫长的时间才能看到效果，而是可以即时看到调整后的效果。这种即时反馈使得玩家能够更加直观地感受到剧情的变化，从而更加精准地调整剧情结构，提升故事的吸引力，不仅激发了玩家的创作欲望，也使得剧情设计变得更加高效。玩家可以快速尝试不同的剧情设计，观察模型的反馈，然后根据反馈进行调整。这种迭代式设计流程，不仅提高了剧情设计的效率，也使得剧情更加符合玩家的预期。

值得一提的是，Sora还引入虚拟现实技术，为玩家带来了更加沉浸式的游戏体验。玩家可以通过虚拟现实设备，身临其境地进入自己设计的游戏世界，感受到前所未有的游戏乐趣。这种全新的游戏体验方式，不仅让玩家更加投入地参与到游戏创作中，也为游戏行业带来了新的发展方向。

14.2 AI游戏有强大竞争力

AI技术在游戏开发中的应用日益广泛。通过深度学习、神经网络等技术，AI能够智能地设定游戏中的角色、场景和故事，丰富游戏内容。同时，AI技术的不断发展让越来越多的游戏玩家和开发者意识到，游戏越来越智能化、个性化，AI游戏将成为游戏行业的重要发展方向。

14.2.1 更简单的游戏开发与设计

随着科技的不断发展，游戏行业正在以前所未有的速度进化。在这个变革的时代，Sora 作为文生视频大模型的代表，为游戏开发与设计注入了新的活力，使得创意的翅膀得以自由地飞翔。Sora 以其独特的功能和优势为游戏开发者提供了强大的支持，使得游戏设计与开发变得更高效、更简单。Sora 在游戏开发中的优势体现在以下几方面，如图 14–1 所示。

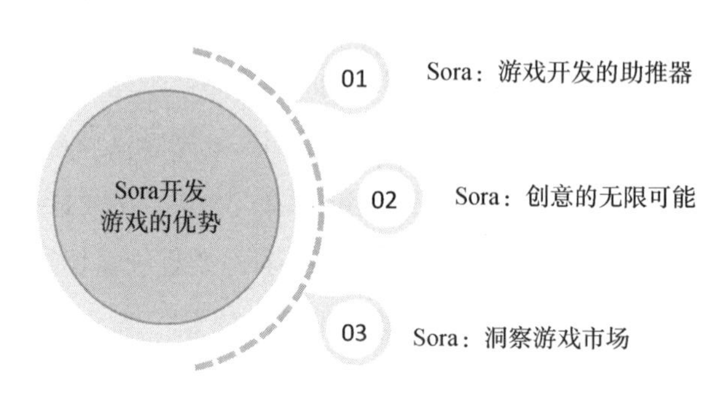

图14–1 Sora在游戏开发中的优势

1. Sora：游戏开发的助推器

Sora 能够帮助游戏开发者快速生成游戏的可视化原型。在传统的游戏开发过程中，开发者需要花费大量时间和精力来制作游戏原型，这不仅延长了游戏开发周期，还增加了开发成本。有了 Sora 之后，开发者只需提供文字描述，Sora 便能生成高质量的游戏原型视频。

Sora 还提供了丰富的工具和插件，使得开发者能够便捷地进行游戏设计和调整。这一功能在游戏开发的早期阶段尤为重要，因为它允许开发者通过视觉化方式表达他们对游戏内容的想法，从而更好地与团队成员进行沟通协作。

作为一款强大的文生视频大模型，Sora 能够提供高度逼真的游戏场景和角色，使得开发者能够以前所未有的速度和效率完成游戏开发。

2. Sora：创意的无限可能

Sora 还为游戏设计带来了无限的创意空间。通过 Sora，开发者能够轻松实现各种独特的游戏概念和创意，从而打造出更加丰富多彩的游戏世界。

例如，开发者可以利用Sora生成具有高度真实感的虚拟角色，让玩家在游戏中获得更加真实的互动体验。

此外，Sora还支持多种交互方式和游戏机制，开发者能够创造出更加富有挑战性和趣味性的游戏内容。Sora还能够根据玩家的反馈和市场需求，对游戏玩法进行快速迭代和优化。通过不断试错和调整，开发者可以确保游戏玩法始终新颖有趣，从而吸引更多玩家。

3. Sora：洞察游戏市场

当今游戏开发领域的市场竞争日趋激烈，如何准确把握玩家需求，设计出更符合市场期待的游戏，成为每个游戏开发者面临的挑战。Sora为游戏开发者提供了宝贵的市场洞察，成为游戏设计过程中不可或缺的重要工具。

Sora可以对玩家在游戏原型中的反应和偏好进行深入分析，开发者借此可以清晰地了解玩家的喜好和需求。这不仅可以帮助开发者了解当前市场的热点和趋势，更能够指导他们在游戏设计上进行针对性调整。

Sora还能够帮助开发者预测市场趋势。通过对历史数据的挖掘和分析，Sora可以揭示玩家需求的演变规律，从而帮助开发者预测未来市场走向。这种前瞻性的洞察能力，使得开发者能够提前布局，抢占市场先机。

总之，Sora作为一种数据驱动的游戏开发工具，不仅能够帮助开发者准确把握市场脉搏，提高游戏的吸引力和竞争力，还能够为游戏开发带来诸多其他方面的价值。

14.2.2 通过AI文生视频模拟NPC的行为

游戏NPC（Non-Player Character，非玩家角色）作为游戏中不可或缺的一部分，其行为模式的设定对于游戏体验有着重要影响。而Sora作为一种创新的AI工具，其智能模拟游戏NPC行为模式的能力，无疑为游戏开发带来了革命性的变革。

Sora是一款基于深度学习算法的文生视频大模型，拥有强大的数据处理能力和学习能力。通过对大量游戏数据的分析和学习，Sora能够高度逼真地模拟游戏NPC的行为模式，让NPC在游戏中有更加真实、自然的行为表现。

相较于传统的游戏 NPC 行为模式设定方式，Sora 具有以下显著优势，如图 14-2 所示。

图14-2　Sora模拟NPC的优势

1. 高度的灵活性

传统的游戏 NPC 行为模式往往是通过预设的脚本或规则来实现的，这种方式虽然简单直接，但缺乏灵活性，难以应对复杂多变的游戏环境。Sora 摒弃了传统的预设脚本或规则，而是采用了一种更为智能和灵活的方式来实现 NPC 的行为。Sora 能够根据游戏环境的实时变化，动态调整 NPC 的行为模式，使 NPC 能够根据不同情况作出相应的反应，从而大幅提高游戏的可玩性和趣味性。

基于大量的游戏数据进行训练，Sora 能够学习到 NPC 在不同情况下的最佳行为模式，并根据实时的游戏环境作出相应调整。这种技术不仅可以应用于单个 NPC，还可以应用于整个游戏世界的 NPC 群体，从而实现更为复杂和丰富的游戏交互。

2. 强大的学习能力

通过不断学习和进化，Sora 能够逐渐提高行为模拟能力。在游戏运行过程中，Sora 会不断收集和分析 NPC 的行为数据，通过深度学习算法不断提升行为模拟能力，使 NPC 的行为更加符合游戏世界的逻辑和规律。这种强大的学习能力，使得 Sora 能够不断适应游戏世界的变化，为玩家带来更加丰富的游戏体验。

3. 高度逼真的行为表现

Sora 通过模拟游戏 NPC 的行为模式，能够让 NPC 在游戏中的行为更真实、自然。无论是简单的对话交流，还是复杂的战斗交互，Sora 都能够根据游戏世界的规则和逻辑为 NPC 生成高度逼真的行为，使玩家仿佛置身于一个真实而生动的游戏世界。

4. 广阔的应用前景

随着游戏行业的不断发展，玩家对于游戏体验的要求也在不断提高。Sora 智能模拟游戏 NPC 行为模式的能力，不仅能够为现有的游戏带来更加丰富的体验，还能够为游戏开发提供无限的可能性。无论是角色扮演游戏、策略游戏还是动作游戏，Sora 都能够为 NPC 的行为模式设定提供强有力的支持，推动游戏行业不断创新和发展。

综上所述，Sora 作为一种创新的 AI 工具，其智能模拟游戏 NPC 行为模式的能力为游戏开发带来了革命性变革。

14.2.3 自动化的游戏测试与调试

在游戏开发领域，Sora 为游戏测试与调试带来了革命性变革，使得这一过程逐渐走向自动化。在游戏开发过程中，测试和调试是至关重要的环节，对于提高游戏的质量和稳定性起着极为重要的作用。

Sora 先对大量游戏视频数据进行预处理，提取画面中的关键信息，然后通过神经网络进行训练和学习。在训练过程中，Sora 会不断调整和优化参数，以提高对游戏画面的识别和分析能力。

一旦训练完成，Sora 便能够实时监控和分析游戏画面，准确识别出画面中的元素，如背景、道具、角色等，并对其进行分类和标注。同时，Sora 还能够识别角色的动作和状态，如移动、跳跃、攻击等，并对其进行跟踪和分析。这些功能使得 Sora 在游戏行业有着广泛的应用场景。

传统的游戏测试与调试过程主要依赖人工，不仅效率低下，而且容易出错，无法满足现代游戏开发对高效、准确和自动化的需求。相较于传统的人工测试，Sora 能够自动识别和定位游戏中的漏洞和错误，在短时间内对游戏进行全面扫描和分析，发现潜在问题，为开发者节省大量时间和精力。

Sora 还能自动生成详细的测试报告，为开发者提供全面的问题分析和改进建议。报告中不仅包含了对问题的具体描述，还提供了可能的原因和解决方案，帮助开发者快速定位和解决问题。这种智能化的测试方式不仅提高了测试的准确性，还为开发者提供了宝贵的参考意见，有助于提升游戏质量和玩家体验。

除了提高效率和准确性外，Sora 的引入还使得游戏测试与调试过程更加智能化。传统的测试方法往往依赖于开发者的经验和直觉，而 Sora 则能够通过大数据分析和机器学习算法，对游戏进行深入分析和预测，从而更加精准地发现游戏存在的问题和优化方向，提高游戏的整体质量。

Sora 拥有强大的错误日志和排查功能。当游戏发生异常或崩溃时，Sora 能够自动记录相关的错误信息，并提供详细的堆栈追踪信息，帮助开发者准确定位问题的根源。这对于快速修复 bug（漏洞）和提高游戏稳定性非常重要。

14.2.4 “Sora+营销”：更精准的游戏推荐

在游戏领域，个性化推荐已经成为一种重要的服务方式，它可以根据玩家的偏好和游戏历史记录推荐适合他们的游戏。随着 AI 技术不断发展，个性化游戏推荐系统也越来越成熟。其中，Sora 作为一种先进的 AI 应用，受到了广泛关注。

在营销方面，游戏企业可以将 Sora 与营销策略紧密结合，实现精准营销。企业可以利用 Sora 分析玩家的游戏偏好和行为习惯，然后根据分析结果制订个性化营销方案。例如，对于喜欢策略类游戏的玩家，可以推荐一些具有挑战性的新游戏，并通过优惠活动和限时折扣等方式吸引他们尝试。

此外，Sora 还能够帮助企业预测玩家的游戏行为，提前为他们提供相关的游戏推荐。例如，当玩家在游戏中遇到瓶颈时，企业可以根据他们的游戏行为和偏好，推荐一些相关的游戏攻略或教学视频，帮助他们更好地享受游戏过程。

通过收集玩家的游戏历史记录、兴趣爱好、游戏时长等多方面数据，Sora 可以深入了解玩家的游戏偏好，从而为他们推荐符合口味的游戏。此外，Sora 还可以根据游戏本身的特点，如游戏类型、游戏难度、游戏热度等因素，为玩家提供个性化的游戏推荐。

相较于传统的游戏推荐系统，Sora 的优势在于其更加精准和智能的推荐算法。传统的游戏推荐系统往往只能根据玩家的历史记录和游戏类型进行简单推荐，而 Sora 则可以通过对玩家数据的深度分析和挖掘，发现玩家潜在的兴趣点，从而更加精准地为他们推荐游戏。这种个性化的推荐方式不仅可以提高玩家的游戏体验，还可以助力游戏厂商绘制更加精准的用户画像，制定有效的营销策略。

然而，值得注意的是，个性化游戏推荐系统也面临一些挑战和问题。例如，如何保护玩家的隐私和数据安全，如何防止推荐结果的偏见和歧视，如何确保推荐算法的稳定性和可靠性等。因此，在游戏推荐系统的设计和应用过程中，需要充分考虑这些问题，并制定相应的对策。

14.3 实例：通过Sora完善游戏生态

随着 Sora 不断发展和完善，游戏生态将更加完善。游戏将更加智能化、个性化，为玩家带来更加精彩的体验。同时，游戏行业也将与其他产业更加紧密地融合，共同创新发展。

14.3.1 Sora与游戏相互赋能

Sora 与游戏是相互促进、相互赋能的关系，Sora 能够将游戏提升到新的高度，而游戏创新将促进 Sora 进一步发展。

1. Sora 将游戏提升到新的高度

Sora 在游戏界引起了巨大关注。它以强大的技术实力和创新能力，推动了游戏领域的井喷式发展，为游戏开发带来了革命性变革。相较于传统的游戏开发方式，Sora 凭借高度智能化的特性，为游戏设计、角色设定、场景构建等各个环节带来了便利。开发者可以利用 Sora 快速生成多样化的游戏内容，大幅提高游戏开发效率和质量。

传统的游戏设计通常需要开发者花费大量时间和精力进行手动设计，而 Sora 则可以通过智能化算法自动生成多样化的游戏内容。这不仅大幅缩短了游戏开发周期，还使得开发者可以更加专注于创新和优化游戏体验。例如，开发者可以通过 Sora 快速生成多个游戏场景，然后挑选出其中最具吸引力的场景进行深入开发，从而大幅提高游戏设计效率和质量。

Sora 在角色设定方面也具有显著优势。传统的角色设定需要开发者进行大量的手绘和建模工作，而 Sora 则可以通过智能算法自动生成风格迥异的角色形象，这不仅减少了开发者的工作量，还使得角色设定更加多样化。开发者可以根据游戏的需求调整 Sora 的参数，生成符合游戏风格的角色形象，从而为游戏增添更多的趣味性和吸引力。

Sora 在场景构建方面也具有很大潜力。传统的场景构建需要开发者进行大量的建模和贴图工作，而 Sora 则可以通过智能算法自动生成逼真的游戏场景，这不仅提高了场景构建效率，还使得游戏场景更加真实和生动。开发者可以通过 Sora 快速生成多个场景，然后根据游戏剧情和玩家需求进行选择和优化，从而打造出更加精彩的游戏世界。

在传统的游戏开发过程中，开发者通常需要花费大量时间和精力来设计和制作游戏的原型与素材。有了 Sora 的帮助，这一过程变得更为迅速和简单。利用 Sora，开发者能够快速生成游戏的原型和所需素材，大幅缩短了游戏开发周期。这种快速迭代的能力不仅让开发者能够更加灵活地进行游戏设计，还能及时根据玩家的反馈进行调整和优化，从而打造出更加符合玩家需求的游戏。

除了快速迭代能力外，Sora 还具备自动化创作特性。在游戏中，许多重复性任务往往需要人工进行调整和修改，这不仅消耗了开发者的大量精力，还可能影响游戏的整体品质。借助 Sora 的自动化创作功能，这些问题都得到了有效解决。

Sora 能够智能分析和处理输入的数据，自动创作出符合玩家需求的素材和内容。这不仅大幅减轻了开发者的工作负担，还提高了游戏制作效率和品质。但需要注意的是，技术的落地和实际效果还需要结合具体情况进行验证和调整。

2. 游戏创新促进 Sora 进一步发展

游戏作为娱乐和科技结合的产物，引领着技术发展和应用的方向。其中，游戏升级对技术提出了更高要求，进一步推动 AI 技术不断进化。随着技术的日新月异，游戏逐渐超越了简单的娱乐范畴，成为一个集合了高科技、创新玩法和丰富交互性的全新领域。这种变革对游戏背后的 AI 模型提出了更高要求，推动了 AI 技术不断升级和完善。

首先，游戏画面的逼真度已经达到了前所未有的程度。高清画质、真实光影、细腻纹理等细节处理，让玩家仿佛置身于真实世界。为了实现逼真的视觉效果，AI 模型需要具备强大的图像处理能力。它们需要识别并处理复杂的图像信息，生成逼真的游戏画面。这种需求促使 AI 模型在图像处理技术上不断突破，推动了计算机视觉领域的发展。

其次，游戏的交互性也得到了大幅提升。从简单的按键操作到复杂的语音交互、手势识别，玩家可以通过多种方式与游戏进行互动。这种高度的交互性要求 AI 模型具备更高级别的自然语言处理和感知能力。它们需要能够理解玩家的意图和需求，并提供智能化的响应和反馈。这种需求推动了 AI 模型在自然语言处理和人机交互领域的进步。

最后，游戏玩法的创新也对 AI 模型提出了更高要求。随着游戏玩法的不断创新和复杂化，游戏背后的 AI 模型需要具备更高的智能水平。它们要能够根据玩家的行为和偏好进行智能决策和策略调整，提供更加丰富有趣的游戏体验。这种需求促使 AI 模型在机器学习和决策制定领域不断探索和创新。

Sora 与其他技术的融合也为游戏创新带来了更多可能性。通过与 VR 技术结合，Sora 可以生成更加逼真的游戏场景，让玩家仿佛置身于一个真实的环境中。沉浸式的游戏体验不仅让玩家更加投入，还能够为他们提供更加丰富的感官刺激和情感共鸣。

VR 技术可以将虚拟元素与现实世界相结合，为玩家提供更加丰富的游戏内容和互动方式。通过与 VR 技术结合，Sora 可以将游戏元素融入玩家的日常生活，让他们在游戏与现实之间享受到更加流畅和自然的转换体验。

游戏升级成为推动AI模型不断进化的重要动力。随着技术的不断进步和创新，AI 模型将面临更大的挑战和更高的要求。这将促使 AI 技术不断突破和发展，为人类创造更加精彩和智能的游戏世界。

游戏升级不仅推动了 Sora 的发展，还促进了其与其他技术的融合。这种融合不仅提升了游戏的画质和体验，还为玩家带来了更加多样化和沉浸式的游戏世界。

14.3.2 如何通过Sora创作游戏视频

Sora 以卓越的文本理解能力和视频生成能力，为游戏视频制作提供了全新的可能。以下是创作者利用 Sora 创作游戏视频的详细步骤。

1. 明确视频主题与风格

创作者首先需要设定游戏视频主题和风格，比如，是想制作紧张刺激的动作冒险游戏预告片，还是引人入胜的角色扮演游戏剧情片段。这是整个创作过程的基石。

2. 构思并编写文本提示词

创作者需要根据视频主题和风格，构思并编写出具有指导意义的文本提示词，以详尽地描绘游戏场景、角色、动作等关键元素，以便 Sora 能够准确理解并生成相应的内容。例如，动作冒险游戏预告片的文本提示信息可能包含“英勇探险者”“光剑”“古老遗迹”“巨型怪兽”“激烈战斗”“宝藏”等关键词。

3. 输入文本提示词

设计好文本提示词后，创作者就可以将其输入到 Sora 中。Sora 会利用其强大的文本理解能力去解析这些提示词，并据此生成视频帧序列。它会自动进行场景布局、角色建模、动作合成等工作，确保生成的视频内容与文本提示词高度契合。

4. 精细调整视频效果

生成视频后，创作者还需对视频进行细致调整与优化，包括调整视频的帧率、分辨率、色彩饱和度等，优化场景布置、角色动作、光影效果等，使视频更加生动逼真、引人入胜。

5. 导出并分享视频作品

最后，创作者将调整好的视频导出为文件，将其上传至视频平台或社交媒体进行分享传播。

例如，某位创作者在Sora中输入文本提示词："一位年轻的魔法师，在古老的图书馆中翻阅着尘封的书籍。突然，他发现一本记载着神秘魔法的古籍。他小心翼翼地打开书页，一阵光芒闪过，魔法师被瞬间传送到一个充满奇幻色彩的世界。"

Sora根据文本提示词，生成了一段充满奇幻色彩的角色扮演游戏剧情片段。视频中，年轻的魔法师在昏黄的灯光下翻阅着古老的书籍，他的眼神充满了对知识的渴望。当发现古籍时，他的脸上露出了惊讶和兴奋的表情。随着光芒闪过，他瞬间被传送到一个全新的世界，这个世界有漂浮的岛屿、奇异的生物和璀璨的魔法光芒。整个视频充满了神秘和奇幻的气息，让观众仿佛置身游戏世界。

利用Sora创作游戏视频是一种高效且富有创意的方式。通过设计合适的文本提示词，并借助Sora强大的文本理解和视频生成能力，创作者可以轻松生成符合期望的游戏视频内容。随着技术的不断进步和完善，未来Sora将为游戏视频创作带来更多惊喜和可能。

14.3.3 OpenAI：致力于连接Sora与游戏

Sora，这款由OpenAI开发的先进AI模型，不仅完美继承了DALL–E 3的卓越画质和强大的遵循指令能力，还进一步拓展了应用范围，能够生成长达1分钟的高清视频。这一技术突破无疑将为影视、动画以及游戏等领域带来革命性的变革。

相较于DALL–E 3，Sora的画质得到了显著提升，其生成的图像更加细腻、逼真，几乎达到了肉眼难以分辨的地步。而遵循指令能力则让 Sora 能够根据用户输入的指令准确生成符合其要求的图像或视频，提高了生成内容的准确性和实用性。

OpenAI 成功连接了 Sora 与游戏。Sora 的应用不仅局限于影视、动画等领域，它还能够进行游戏场景的生成。用户只需要输入一个简单的提示词，如“Minecraft”（游戏《我的世界》），Sora 就能够生成具有 Minecraft 风格的视频内容，如图 14–3 所示。

图14-3　Sora创作的《我的世界》

在《我的世界》这款游戏中，玩家可以自由地创造和探索一个由方块组成的虚拟世界。而 Sora 版《我的世界》则通过 AI 技术，将这些方块和场景以极高的相似度呈现给玩家。

这种生成不是简单的图像拼接，而是能够以高保真方式渲染出整个游戏世界以及其中的动态。更令人惊叹的是，Sora 还能够模拟玩家操作游戏角色的情景，让游戏更加生动有趣。

这一技术的实现，不仅展示了 Sora 在模拟数字世界方面的卓越能力，还为 AI 技术在游戏领域的应用开辟了新的可能性。传统的游戏开发需要耗费大量人力和物力资源，而 Sora 则能够通过 AI 技术快速生成高质量的虚拟世界，大幅降低游戏开发成本。

此外，Sora 版《我的世界》还为玩家提供了更加丰富的游戏体验。玩家可以通过 Sora 创造独特的游戏世界，并与其他玩家分享和互动。这种创新性的游戏方式不仅增加了游戏的趣味性和互动性，还为玩家提供了更多创作空间。

Sora 还能够拓展游戏世界的无限可能。传统的游戏世界往往受到开发者的限制，而 Sora 则可以通过生成随机事件和动态环境，为玩家带来无穷无尽的惊喜。这意味着，每次进入游戏，玩家都将面临全新的挑战，这无疑增强了游戏的可玩性和趣味性。

此外，OpenAI 还致力于利用 Sora 强化游戏的社交属性。通过构建虚拟社区，玩家可以与其他玩家进行实时交流合作，共同完成任务。这种社交互动不仅丰富了游戏内容，还有助于培养玩家的团队精神和协作能力。

OpenAI 以 Sora 为桥梁，努力推动游戏产业的革新和发展。通过提升游戏的智能化水平、创造无限可能的游戏世界以及增强游戏的社交互动性，OpenAI 致力于为玩家带来更加沉浸式、个性化和具有社交属性的游戏体验。

第15章

AI教育：勾勒现代教育路线图

AI 技术重塑了各行各业的面貌，掌握 AI 知识和技能已成为未来人才必备的基本素养。因此，我们应高度重视 AI 教育的发展，将其纳入教育体系，为培养具备 AI 素养的优秀人才奠定坚实基础。

15.1 AI教育下的模式变革

AI 教育以其独特的优势引领着教育模式的变革。我们应当积极拥抱这一变革，充分发挥 AI 技术的力量，推动教育事业持续发展和进步。同时，我们也要不断探索和解决 AI 教育发展中存在的问题，为构建更加公平、高效、智能的教育体系贡献智慧和力量。

15.1.1 学生可以在虚拟课堂中学习

AI 视频生成技术在搭建教学情景方面有着得天独厚的优势。尤其是 Sora，其能够模拟真实世界，创设学习场景，增强学生的学习体验，加深学生对知识的记忆。

然而，如果仅仅把 AI 视频生成技术视作教学辅助工具，就忽略了其对教育的革命性意义。AI 视频生成技术的发展证明了人类与 AI 协同学习的重要性。所谓情景化教学，本质上是将学生带入具体的场景之中，教会他们认识世界、探索知识的方式方法，进而实现知识的传递与文明的传承。

真实性体验是虚拟课堂的一大特色。借助 AI 技术，虚拟课堂能够模拟真实世界的环境，让学生在学习过程中产生身临其境的感觉。例如，在虚拟实验室中，学生可以亲手进行实验操作，观察实验现象，从而加深对实验原理的理解。

在虚拟历史博物馆中，学生可以穿越时空，亲身感受历史文化的魅力。这些体验让学生在学习过程中更加投入，提高学习效果。

交互性是虚拟课堂的另一个重要特点。在传统教学模式中，教师与学生之间的互动受到时间和空间的限制。虚拟课堂打破了这些限制，让学生与教师、学生与学生之间能够随时随地互动交流。这种交互性不仅有助于激发学生的学习兴趣，还能培养他们的沟通能力和团队合作精神。

借助 AI 视频生成技术模拟真实场景，教师能够引领学生深入现象之中，自我探寻并组织相关信息，逐步构筑起自己的知识体系。这不仅是 AI 时代教育发展的必然趋势，还是培养学生自主学习、探索创新能力的关键所在。

AI 视频生成技术能够实现沉浸式学习，充分激发学生的内在潜能，打破传统学习模式的束缚，使学习成为他们内心的一种自然需求，从而进一步彰显每个学生的独特价值。

以 Sora 为代表的 AI 大模型使教育从“认知时代”走向“体验时代”，并重新定义创造。

教育者传授知识的最终目的是引领学生超越既有知识的局限，开拓新生事物的创造与演进之路。过去，创造主要聚焦于事物本身，随着时代的发展，创造将以体验为核心，注重个体在知识世界中的沉浸与感悟。

利用 AI 视频生成技术打造虚拟课堂，实现沉浸式学习，能够帮助学生摆脱思维桎梏，勇于探索新的现象，在不断试错中发现新的创造点，赋予知识无限的延展空间。

15.1.2 高度还原历史场景

对于学生而言，传统历史课堂往往较为枯燥，难以引起他们的兴趣。利用 AI 技术还原历史场景，能够将历史场景呈现在学生面前，激发他们对历史的兴趣。

通过输入相关历史数据和文化背景信息，AI 技术可以生成高度还原的古建筑、传统手工艺、民俗风情等文化场景。这不仅可以为学生提供更加沉浸的学习体验，还有利于保护和传承那些濒临消失的文化遗产。

历史场景复原是一种利用AI技术对历史场景进行模拟和还原的技术。通过收集大量的历史资料和数据，AI技术能够精准地还原历史上的著名场景，让游客仿佛穿越时空，亲身感受历史的魅力。无论是古代的宫殿、战场，还是近代的城市、建筑，都能在历史场景复原视频中重现，让学生对历史有更直观的认识。

AI技术生成的历史场景复原视频不仅具有高度真实感，还能还原历史事件的细节和背景，使游客仿佛置身于真实的历史场景中。这种沉浸式体验让学生得以更直观地了解历史事件和历史文化，增强对文化遗产的认知和兴趣。

AI技术还原历史场景不仅丰富了人们的娱乐生活，更在潜移默化中传承了历史文化。通过观看历史场景复原视频，学生可以在轻松愉快的氛围中了解历史发展脉络，增强对历史的敬畏之心，寓教于乐，让历史学习变得生动有趣。

当然，要实现历史场景复原并非易事。首先，相关人员需要收集大量历史影像资料，并对它们进行高质量处理和分析。其次，AI技术的生成能力和精度需要不断提升，以确保复原的历史场景具有真实性和可信度。最后，相关人员还需要考虑如何将这些视频与虚拟现实等技术相结合，为学生提供更加便捷的学习体验。

AI技术在教育领域的应用为学生提供了更加丰富、更加沉浸的学习体验，让他们能够更好地了解和传承非物质文化遗产。与此同时，我们也应看到，AI技术在文化保护方面的潜力仍然巨大，有待我们去挖掘和开发。

15.1.3 AI文生视频时代的远程教学

随着AI文生视频技术的发展，远程学习也逐步发展起来。但是，与线下教学相比，教师在远程教学中会面临一些困难：一方面，教师需要完成视频内容制作、录制、剪辑等一系列工作，这对教师的视频剪辑能力有一定要求；另一方面，教师制作的视频可能在趣味性、吸引力等方面有所欠缺，无法引起学生的注意，造成学习效果低下。在这些情况下，线上课程不仅不能提高学生的能力，还会起到相反的作用。

AI 技术能够减轻教师负担，帮助教师制作出高质量的线上课程。将 AI 技术应用于线上课程制作主要有以下几点好处，如图 15-1 所示。

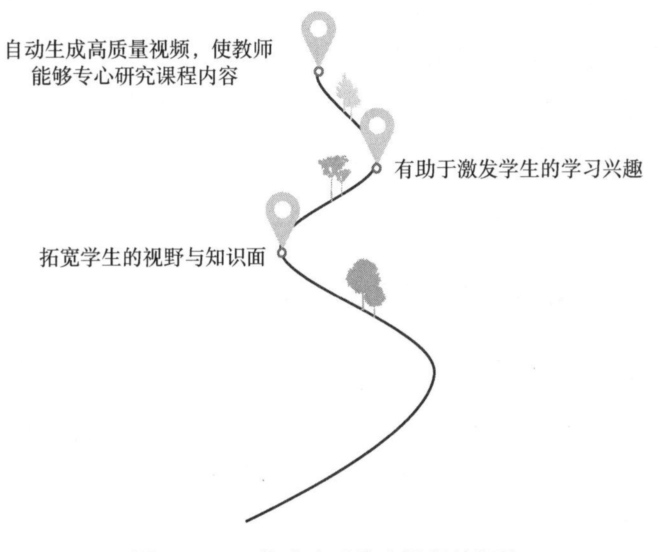

图15-1　AI技术生成线上课程的好处

（1）自动生成高质量视频，使教师能够专心研究课程内容。AI 技术能够承担视频制作工作，教师只需要将精力集中于钻研课程内容，为 AI 技术生成线上课程提供优质文本即可。

（2）有助于激发学生的学习兴趣。相较于教师枯燥的讲授，学生更喜欢通过听觉与视觉相结合的方式获得知识。教师利用 AI 技术生成视频，能够将抽象的知识转化为生动的画面，学生更有兴趣、更容易接受。此外，利用生动有趣的视频讲解知识点，还能够激发学生的学习兴趣，提高学生的学习热情。

（3）拓宽学生的视野与知识面。学生能够通过形式丰富的视频从乏味的课堂中解放出来。通过视频，学生能够学习到更多有趣的知识和文化，求知欲更旺盛。在视频中，教师还能够呈现一些与课程有关的实例，加深学生对知识的理解。

总之，教师借助 AI 技术能够生成内容丰富且有趣的线上教学视频，提高远程教学的质量。此外，教师能够有更多时间投入教学研究中，为 AI 技术提供优质的教学文本。

15.2 AI文生视频为教师减负

教育领域也在积极探索和应用 AI 技术，以提高教学质量。其中，AI 文生视频技术作为一种创新型教育辅助工具，能够为教师减负，提高教育教学效果。这项技术可以自动生成课程讲解视频、进行虚拟实验演示以及生成虚拟教师。

15.2.1 自动生成课程重难点讲解视频

个性化学习和精准教学已逐渐成为教育改革的核心趋势。为了适应这一变革，AI 领域不断探索和创新，取得了令人瞩目的突破性成果。Sora 作为一款先进的文生视频大模型，具备自动生成课程重难点讲解视频的功能。这一创新技术为学生带来了前所未有的学习体验，同时也为教师减轻了教学负担。

在教学过程中，教师常常面临如何有效传达知识点的挑战。而 Sora 可以很好地解决这个问题。只需将课程重难点输入 Sora，系统便会自动分析这些内容，提取其中的关键知识点，然后依据这些关键知识点生成相应的讲解视频，步骤如图 15-2 所示。这种个性化教学方式不仅能够帮助学生更好地掌握重难点，还能让教师更加专注于课程设计，引导学生思考。

（1）教师输入课程重难点。在教学过程中，教师可以将课程重难点以文字形式输入 Sora。这些文字内容可以是教材中的重点知识，也可以是教师根据自身教学经验总结的难点。

（2）自然语言处理。Sora 会对教师输入的文字内容进行自然语言处理，分析其中的关键信息，如概念、原理、示例等。

（3）深度学习与知识图谱构建。Sora 会利用深度学习算法和知识图谱技术对这些关键信息进行深度挖掘和关联分析，以理解课程重难点的核心内涵。

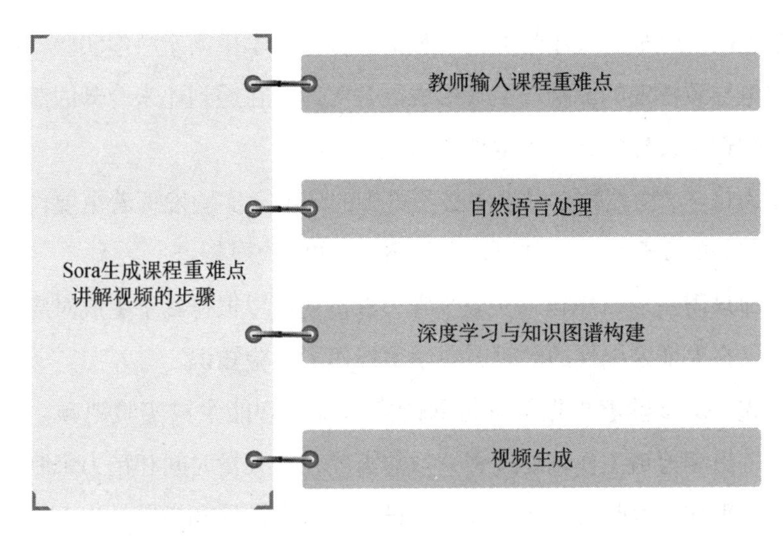

图15-2　Sora生成课程重难点讲解视频的步骤

（4）视频生成。在理解了课程重难点后，Sora 会根据这些内容生成相应的讲解视频。这些视频会以简洁明了的方式阐述知识点，帮助学生更好地理解和掌握。

Sora 基于先进的深度学习算法和强大的自然语言处理能力，能够精准地解析课程重难点。这一创新不仅丰富了教学手段，还提升了学生的学习兴趣和学习效果。

对于教师而言，Sora 同样具有重要意义。它能够帮助教师减轻备课负担，让他们有更多时间关注学生的个体差异和个性化需求。同时，借助 Sora 生成的讲解视频，教师可以更加生动、直观地展示课程内容，激发学生的学习兴趣和学习主动性。

15.2.2　更安全的虚拟化学/物理实验

为了能够更加直观地向学生传递知识，教师往往会进行化学/物理实验。物理/化学实验具有一定的危险性，可能会对人体造成伤害。

（1）一些试剂会对人体造成危害。虽然教师在演示实验时已经考虑到一些试剂会对人体造成危害，但有时无法避免用到有害的试剂。

（2）操作不到位引发教学事故。如果实验时教师操作不到位，可能会引发教学事故。例如，某小学的科学教师在课上为学生演示科学实验，因为操作不规范导致挥发的酒精与空气形成混合气体，在遇到还未冷却的蒸发皿时产生闪燃现象，导致几名学生被烧伤。

作为化学 / 物理教学过程中必不可少的环节，实验发挥着重要作用。为了提高实验的安全性，教师可以利用 AI 生成实验视频。

教师只需在Sora中输入实验步骤，Sora便可以根据文字生成对应的操作视频。这在保证安全性的同时，向学生传递了实验知识。

首先，Sora 能够根据教师输入的实验步骤智能生成实验视频，避免了烦琐的拍摄和剪辑工作。在过去，教师需要花费大量时间和精力来制作实验视频，而现在，教师可以将更多精力投入到教学设计和指导学生上。这样一来，教师可以更好地关注学生的需求，提高教学质量。

其次，Sora 生成的实验视频具有较高的安全性。在实验过程中，学生可能会面临一定的安全风险，尤其是一些操作难度较高、材料特殊的实验。通过 Sora 生成的实验视频，教师可以对实验过程进行严格把控，确保学生在观看视频时能够掌握操作要领，降低实验过程中的安全风险。

最后，Sora 生成的实验视频具有较高的教育价值。实验视频可以清晰地展示实验步骤和操作技巧，帮助学生更好地理解实验原理，培养学生的实践能力和创新精神。同时，教师可以根据学生的实际需求对实验视频进行个性化调整，以满足不同学生的学习需求。

15.2.3 简单的知识交给虚拟教师介绍

AI 生成技术能够为教师减轻负担。AI 虚拟教师拥有丰富的知识储备，能够模拟教师的教学方式，为学生提供个性化辅导。它不仅缓解了教师的教学压力，还使得教育资源得以更加公平地分配。

在过去，教师需要花费大量时间和精力备课、授课、批改作业等，而现在这些工作都可以由 AI 虚拟教师完成。AI 虚拟教师能够根据学生的学习需求和教学进度，提供有针对性的教学内容，使得教学更加精准、高效。

首先，AI 虚拟教师能够承担大量的基础教学任务。通过深度学习技术，

AI虚拟教师可以快速分析学生的学习数据，为每个人量身定制学习计划。无论是讲解基础知识，还是解答复杂问题，AI虚拟教师都能够迅速给出准确、清晰的答案。这样一来，教师就可以将更多精力投入课程设计、教学方法研究等更高层次的工作中，提高教学质量。

其次，AI虚拟教师具备高度的互动性和自适应性。在教学过程中，AI虚拟教师能够根据学生的反馈和学习表现及时调整教学策略，确保每个学生都能够得到适合自己的辅导。此外，AI虚拟教师还能够与学生实时互动，解答疑问、提供建议，使得学习过程更加轻松愉快。

最后，AI虚拟教师为教育资源的公平分配提供了可能性。在传统教育模式下，优质教育资源往往集中在少数发达地区和学校。而在AI虚拟教师的帮助下，无论学生身处何地，只要有网络，就能够享受到优质的教育资源。这有助于缩小地域差异，让更多人受益。

虽然AI虚拟教师具有诸多优势，但它并不能完全取代人类教师。毕竟，教育不仅仅是传授知识，更是一个情感交流、人格塑造的过程。人类教师在引导学生成长、培养学生综合素质方面具有不可替代的作用。

AI虚拟教师可以为人类教师减负，这给教育领域带来了新的变革。随着技术的不断进步，AI虚拟教师将在教育领域发挥更大作用，为更多人带来优质教育体验。

15.3 实例：通过Sora实现AI教育

Sora作为一款先进的AI文生视频工具，为教育领域带来了革命性变革。通过个性化的学习资源、智能辅助教学以及创新教学模式的探索，Sora加快了AI技术在教育领域的渗透，推动AI教育发展。

15.3.1 如何在Sora上创作课程宣传片

生动的课程宣传视频具有强大的吸引力，不仅可以提高课程的知名度，还能紧紧吸引潜在学员的目光。传统课程宣传视频制作，从策划、拍摄到后期制作，每一个环节都需要专业人士参与，不仅要耗费大量人力，还需要付出宝贵的时间。Sora 通过深度学习和自然语言处理技术，实现了对这些烦琐工作的自动化处理。

Sora 的优势在于，创作者只需提供课程相关内容描述和图片资料，它就能够将这些信息快速转化为富有创意、生动有趣的课程推广短片。在这个过程中，Sora 能够准确理解用户需求，通过智能分析与处理，将课程的核心价值展现得淋漓尽致。这样的课程宣传短片不仅具有较高的观赏价值，还能激发学员的兴趣和好奇心，进而提高报名率。

通过 Sora 创作课程宣传片时，创作者要尽可能详细且生动地阐述课程的核心要点和特色。这样做的好处是，能够让 Sora 更深入地理解课程的内涵，在视频中充分展现课程的独特魅力。在 Sora 上创作课程宣传片的要点如图 15–3 所示。

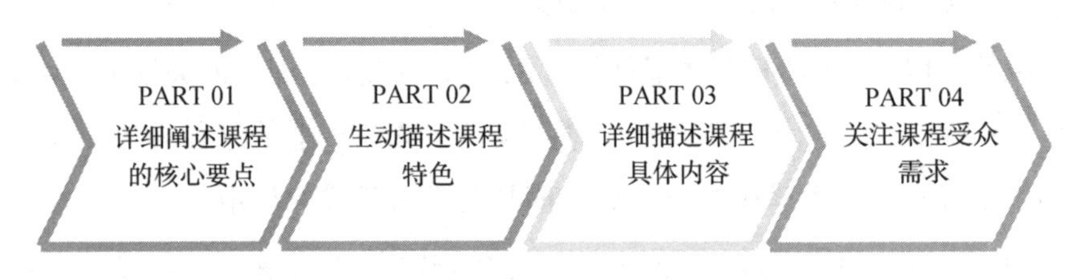

图15–3　在Sora上创作课程宣传片的要点

首先，详细地阐述课程核心要点，可以帮助 Sora 准确把握课程的主线，更好地理解课程内容。例如，可以列举课程中的关键概念、核心理论和实践应用，让 Sora 对课程有更全面的了解。这样一来，Sora 在创作视频时就能更好地把握课程的重点，使受众更容易理解和接受。

其次，生动地描绘课程特色，有助于使 Sora 创作的视频更具吸引力。可以通过强调课程的独特性、创新性和实用性，以及对课程特点进行生动描述，为 Sora 提供更加详细的素材。这样，Sora 创作的课程宣传视频才能更好地展现出课程的魅力。

再次，详细且生动地描述课程内容，有助于 Sora 在视频制作中充分体现课程的价值。Sora 可以更好地把握课程优势，提供有益的学习资源。例如，可以通过介绍课程在实际应用中的成功案例，证明课程的价值所在。

最后，创作者要关注课程的受众需求，针对不同的受众提供个性化的课程描述。这样，Sora 就能更好地满足受众的需求，为他们提供有价值的信息。例如，可以通过分析课程对于不同层次学习者的适应性，为 Sora 提供针对性描述。

深度学习和自然语言处理技术的应用，使得课程宣传视频的制作变得更加高效和便捷。Sora 不仅能够节省人力和时间成本，还能确保宣传效果。这给培训机构、教育机构以及企业等各类用户提供了一个极佳的解决方案。

15.3.2 Sora版的教师自我介绍视频

运用 Sora，教师可以在短时间内轻松完成自我介绍视频的制作，提升个人形象。

Sora 具备丰富的视频制作功能和素材库，使得教师能轻松制作出个性化的自我介绍视频。无论是擅长运用炫酷的动态效果，还是更喜欢精美背景模板的教师，Sora 都能满足他们的需求，帮助他们快速地将创意变为现实。

在制作自我介绍视频之前，教师需要充分准备，以确保视频内容的丰富性和有效性。教师需要准备好一系列与自身相关的素材，包括但不限于个人照片、教学场景、荣誉证书等。这些素材有助于全面展示教师的教育背景、教学经验和个性化特点。

个人照片是展示教师形象的一个途径。教师可以挑选一些具有代表性的照片，如在校园内的合影、参加学术活动的留念等，以展示自己在不同场合和身份下的风采。

在 Sora 的帮助下，教师可以充分发挥自己的创意，利用各种素材和特效为自己的个人介绍视频增色添彩。Sora 提供了丰富的特效库，包括炫酷的动态效果，教师可以根据自己的喜好和需求进行选择，让视频更具视觉冲击力。此外，Sora 还提供了大量精美独特的背景模板，能很好地凸显教师的个人特色。

为了让教师更容易上手，Sora 的界面设计简洁直观，操作方式简单易懂。即使没有视频制作经验，教师也能迅速掌握 Sora 的使用方法，轻松制作出高质量的视频作品。此外，Sora 还支持实时预览功能，教师在制作视频过程中可以随时调整，确保视频达到预期效果。

通过 Sora 制作自我介绍视频，教师能够以更为生动形象的方式展现自己的教育理念。在视频中，他们可以详细阐述对教育的理解，以及对学生的关爱与期望。这有助于学生更好地理解教师，从而形成共同的教育价值观，为后续教学活动奠定坚实基础。

视频中的直观展示让教学方法更加清晰明了。教师可以将自己的教学步骤、策略和技巧以实例的形式呈现给学生，使学生在课堂学习中更容易理解和掌握。这种直观的展示方式有助于提高教学效果，促进学生的学习进步。

此外，通过自我介绍视频，教师还可以展示自己独特的个性特点。个性特点可以是教师的教学风格、处事态度或兴趣爱好等，有助于学生了解并尊重教师。当师生之间建立起尊重、信任的关系时，课堂氛围将更加和谐，为优质教育的实现创造有利条件。

自我介绍视频作为一种新颖的交流方式，有助于加深师生间的互动。教师可以借助视频与学生分享自己的心得体会，学生可以在评论区留言与教师互动，提出自己的疑问和建议。这种互动不仅有助于解决学生在学习中遇到的问题，还可以促进师生之间的情感交流，营造良好的教育环境。

Sora 视频制作工具以其出色的性能和便捷的操作，为教师提供了一个展示才华、提升形象的理想平台。在教育领域，它将继续发挥重要作用，推动教育教学的创新和发展。

15.3.3 教育机构依靠Sora打广告

在当前时代，科技的发展深刻影响着很多领域，其中包括教育。传统教学模式逐步与现代化科技手段相结合，以适应社会的发展和人们需求的变化。在这个背景下，教育机构为了提高知名度、吸引更多潜在学生，纷纷将目光投向线上广告。这是因为线上广告具有传播速度快、覆盖面广、互动性强等优势，能够有效提升教育机构的知名度。

很多教育机构借助先进的 AI 工具，如 Sora，来提升广告效果，拓宽招生渠道。Sora作为一种智能化工具，能够根据用户需求自动生成合适的广告内容，从而提高广告的吸引力。此外，Sora还能够根据用户行为和喜好进行精准的广告投放，提高转化率。

教育机构可以运用Sora卓越的视频生成能力，实现成本节约和效率提升。过去制作一则精美的广告视频需要投入大量人力、物力和时间，成本高昂。Sora的出现改变了这一局面。教育机构只需将需求告知Sora，便可轻松实现广告视频生成。广告视频不仅画面精美，而且内容生动，能够有效吸引观众的注意力。

利用Sora的技术能力，教育机构不仅节省了广告制作成本，还大幅提高了广告制作效率。它们可以将更多精力和资源投入教学和研发中，从而进一步提升教学质量和竞争力。

Sora还为教育机构提供了更加灵活的广告制作方式。它们可以根据自己的需求调整广告内容和风格，以适应不断变化的市场环境。这种灵活性使得教育机构能够更好地把握市场动态，实现更好的宣传效果。

此外，Sora还具备持续优化广告效果的能力。通过收集和分析广告投放的数据反馈，Sora能够实时调整视频内容，使之更加符合受众的需求和喜好。这样一来，教育机构便能根据市场需求，精确地调整广告策略，从而提高广告投放效果。

利用Sora的技术优势，教育机构可以更好地开展广告宣传，提高品牌知名度，吸引更多潜在学生。与此同时，通过持续优化广告效果，教育机构能够确保广告投放的精准性和有效性，从而实现更高的招生转化率。

第16章

AI传媒：激起传媒领域千层浪

有了 AI 技术的加持，传媒变得更加高效、便捷和智能化。然而，我们也需要正视其存在的局限性和面临的挑战，并不断探索和完善技术，以期其在传媒领域发挥更大作用。

16.1　AI文生视频变革新闻媒体

AI 文生视频技术为新闻媒体带来前所未有的变革。它不仅改变了新闻稿和新闻视频的创作方式，还推动了整个传媒行业的创新与发展。AI 文生视频技术诞生后，新闻媒体行业迎来更多机遇和挑战。

16.1.1　ChatGPT帮助记者写新闻稿

在科技飞速发展的今天，“AI+”的浪潮已经席卷全球，它如同一只无形的巨手，推动各行各业的运作方式发生变革。新闻作为社会的镜子和舆论的阵地，自然也不可避免地受到影响。

ChatGPT 作为一款基于深度学习的自然语言处理模型，具有强大的文本生成和理解能力。记者只需输入关键词或简要描述新闻事件，ChatGPT 就能够快速生成一篇结构清晰、逻辑严谨的新闻稿。这大幅缩短了新闻稿的撰写时间，让记者有更多精力去挖掘新闻背后的故事。

ChatGPT 的新闻稿生成能力得益于其深度学习能力和自然语言处理技术。通过对大量新闻语料库的学习，ChatGPT 掌握了新闻写作的基本规律和技巧。在生成新闻稿时，ChatGPT 能够根据输入的信息自动选择合适的语言表达方式，确保生成的新闻文本既符合新闻写作规范，又能准确传达事件的核心内容。

ChatGPT 还具有强大的创意能力。在撰写新闻稿过程中，记者往往需要灵感和创意来吸引读者的注意力。ChatGPT 能够根据输入的关键词和描述，自动生成具有吸引力的标题和内容，为记者提供丰富的创意灵感。这使得新闻稿更加生动有趣，从而吸引更多读者关注。

此外，ChatGPT 还具有强大的文本理解能力，能够自动提取新闻中的关键信息，并进行分类整理。这使得新闻工作者能够更快速地获取新闻的核心内容，为后续报道和分析提供有力支持。

尽管 ChatGPT 在新闻稿生成方面展现出巨大的潜力，但我们也应该看到其存在的局限性和面临的挑战。新闻不仅仅是信息的传递，更涉及价值观、立场和观点的表达。因此，如何确保 ChatGPT 生成的新闻能够保持客观性和公正性，是一个需要解决的问题。

同时，记者也需要不断提升专业素养和写作能力，与 AI 技术形成良性互动，推动新闻行业的数字化革命。

16.1.2 通过AI文生视频软件创作新闻视频

AI 技术在视频处理领域的应用，尤其是视频摘要的自动生成，已经成了一个备受瞩目的热点。相较于传统的视频制作方式，Sora 具有以下显著优势。

（1）高效性。记者只需输入相关文字描述，Sora 便能快速生成符合要求的新闻视频，节省了制作时间和成本。

（2）多样性。Sora 可以生成多种风格的新闻视频，如现场报道、访谈、专题片等，满足不同的传播需求。

（3）灵活性。Sora 能够根据用户需求调整视频内容、时长、节奏等，使生成的新闻视频更加符合观众的审美和观看习惯。

例如，日本公共广播机构 NHK 的科学技术研究实验室 STRL 以 AI 技术为基础，成功打造了一套视频摘要自动生成系统。这一创新成果不仅提高了视频处理效率，还极大地减少了人力物力支出。

这套系统的工作原理相当简单：用户只需将新闻片段上传至系统，AI 便会对视频内容进行深入分析和理解，然后提取出关键信息，最终生成一个简洁明了的摘要视频。据悉，该系统能够处理时长为 15 ～ 30 分钟的新闻片段，并生成 1 ～ 2 分钟的摘要视频，大幅缩短了观众获取新闻内容的时间。

值得一提的是，该系统的处理速度非常快，一般在 10 ～ 20 分钟内就能完成整个处理过程。这一优势使得新闻机构能够迅速将视频发布在网络上，让观众第一时间获取到最新的新闻信息。此外，该系统具备自动化特性，可以在无人值守的情况下连续工作，从而进一步提高工作效率。

Sora 在新闻视频制作中的应用具体包括以下几个方面，如图 16–1 所示。

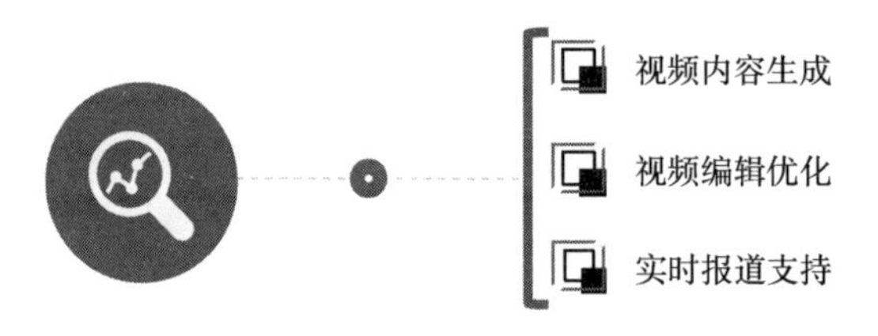

图16–1 Sora在新闻视频制作中的应用

（1）视频内容生成。Sora 能够根据新闻稿件或语音输入自动生成相应的视频内容。它可以根据新闻事件的性质、背景等因素，自动选择合适的视频模板、配乐和特效，生成具有专业水准的新闻视频。

（2）视频编辑优化。在新闻视频制作过程中，Sora 能够提供智能剪辑和渲染支持。它可以自动识别视频中的关键帧、转场效果等，帮助记者快速完成视频剪辑。同时，Sora 还能对视频进行色彩校正、画质增强等处理，提升新闻视频的整体质量。

（3）实时报道支持。Sora 具备实时渲染功能，能够根据新闻事件的发展动态调整视频内容。在突发事件发生时，记者可以利用 Sora 快速生成现场报道视频，及时传递事件进展和现场情况。例如，在某次地震报道中，记者通过 Sora 将现场画面、声音和文字描述结合，制作了生动真实的新闻报道，让观众感受到现场的紧张氛围。

在访谈节目中，Sora 可以根据记者的文字描述，生成具有对话感和互动性的视频片段。这不仅可以增强节目的观赏性，还能让观众更加深入地了解嘉宾的观点和经历。

在制作专题片时，记者可以利用 Sora 将文字稿、图片、视频素材等整合在一起，生成具有连贯性和故事性的视频。这种制作方式既保证了内容的准确性，又提高了制作效率。

16.1.3 虚拟主播：记者报道新闻的“好伙伴”

虚拟主播是一种基于深度学习技术的新闻播报工具。基于大量语音、图像和文本数据进行训练，AI 虚拟主播可以模仿真实主播的语音、语调和表情，自动播报新闻。这种技术不仅大幅提高了新闻播报效率，还为观众带来了全新的视听体验。

2024 年 2 月 12 日，杭州电视台官方公众号“杭州综合频道”发布了一则令人振奋的消息：在杭州新闻联播的甲辰龙年特别节目中，两位全新的主播——小雨、小宇正式亮相荧屏，如图 16-2 所示。这两位主播并非传统意义上的真人主播，而是杭州文广集团短视频 AI 生产实验车间精心研发的 AI 数字主播。

图16-2 虚拟主播小宇与小雨

小雨、小宇的亮相，标志着杭州新闻联播在春节期间开创了全新的播报模式。整档节目完全由AI数字人播报，这在联播类新闻节目中尚属首例。这一创新举措不仅展示了杭州电视台在技术革新方面的决心，也向观众展示了AI技术在新闻传媒领域的广阔应用前景。

据了解，小雨、小宇的形象设计灵感来源于两位真实的主播——雨辰、麒宇。先进的AI技术采集并生成了他们的形象、声音和动作，再经过精细化的定制处理，最终呈现出如同真人主播般的生动表情、形象气质、语音语调、口唇表情以及肢体动作。这种高度逼真的呈现方式，使得观众在观看节目时几乎难以分辨主播的真实身份。

值得一提的是，杭州文广集团短视频AI生产实验车间在开发虚拟主播过程中充分运用了NeRF（Neural Radiance Field，神经辐射场）技术，并结合多模态大规模预训练技术。这些前沿技术的应用，不仅为小雨、小宇注入了更加鲜活的生命力，还赋予他们在不同场景下的高度适应性。无论是庄重严肃的新闻播报，还是轻松愉快的互动环节，小雨、小宇都能以最佳状态出现在观众面前。

此次杭州新闻联播的AI数字主播上新，不仅是一次技术革新的尝试，更是对新闻传媒行业未来发展的深度探索。随着AI技术的不断发展和完善，新闻节目将更加智能化、个性化、多样化。小雨、小宇等虚拟主播，无疑能够推动这一美好愿景实现。

虚拟主播凭借其高度逼真的形象和声音，成功打破了传统主播与观众之间的界限。借助先进的语音合成和面部捕捉技术，这些虚拟主播能够呈现出与真实主播无异的神态和语调，使得观众在接收新闻时，仿佛置身于一个真实而鲜活的场景中。

不仅如此，虚拟主播还具备强大的交互能力和信息处理能力。在直播过程中，它们能够实时分析观众的反应和评论，并根据这些反馈进行智能调整，使报道更加贴近观众的需求。

虚拟主播以高度的可扩展性和灵活性，逐渐成为记者进行报道新闻的得力助手。

16.2 AI文生视频变革自媒体

近年来，自媒体行业得到了迅猛发展，越来越多的创作者纷纷投身其中，寻求自我价值的实现。而随着AI技术的不断进步，AI文生视频作为一种全新的内容创作方式，在自媒体领域掀起一场深刻的变革。

16.2.1 AI时代，自媒体迎来发展热潮

在数字化时代，Sora的崛起无疑为自媒体行业注入了新的活力，使其迎来了黄金发展期。自媒体，这一由个人或小团队运营的媒体形式，正逐渐成为展示个人才华、分享独特见解的重要舞台。越来越多的人，无论是专业的内容创作者，还是业余爱好者，纷纷涌入自媒体领域，用文字、图片、视频等多种形式表达自我，实现个人价值。

Sora的崛起为自媒体行业带来了更加丰富的内容形式。在数字化时代，用户对于内容的需求日益多样化，传统的文字、图片已经无法满足人们的需求。Sora使自媒体创作者能够轻松地将视频与文字相结合，创作出更加生动、形象的内容。

随着自媒体行业的蓬勃发展，其内容质量也得到了显著提升。许多自媒体创作者在追求个性化的同时，也不断提升自己的专业素养和创作能力。他们通过深入研究各个领域的知识，挖掘独特的视角和观点，创作出一系列高质量的内容。

此外，自媒体行业的发展还推动了相关产业的繁荣。自媒体创作者需要借助各种工具和平台来创作和发布内容，这就为相关产业提供了巨大的市场需求。例如，自媒体编辑软件、视频剪辑工具、社交媒体平台等，都在自媒体行业的推动下得到了快速发展。

然而，Sora的崛起也带来了一些挑战和问题。首先，随着自媒体内容不断增多，如何保证内容的质量和真实性成为目前需要解决的问题。自媒体人需要更加注重内容的原创性和真实性，避免出现抄袭、造假等不良现象。其次，随着市场竞争的加剧，自媒体人需要不断提升自己的品牌影响力和市场

竞争力，只有这样，才能在激烈的市场竞争中脱颖而出。

面对这些挑战和问题，各方需要积极采取措施加以应对。政府和相关机构需要加强对自媒体行业的监督和管理，制定更加严格的法律法规和标准规范，确保自媒体内容的质量和真实性。自媒体人也需要加强自律，不断提升专业素养和道德水平，以制作出优质、有价值的视频内容。

16.2.2　“人人都是网红”会成为现实吗

Sora降低了视频制作的门槛，让更多人有机会参与到视频创作中来。那么，在Sora时代，真的能够实现“人人都是网红”吗？

Sora作为文生视频大模型，其强大的技术实力和广阔的应用场景为视频制作提供了无限可能。利用Sora，用户可以轻松制作出高质量的视频，无须专业技能和设备。这为那些没有专业背景或资源的普通人提供了展示自我、分享生活、实现梦想的舞台。从这个角度来看，实现“人人都是网红”在Sora时代确实有很大的可能性。

Sora的出现也促进了视频创作的多样性和包容性。在过去，视频制作往往被专业机构或人员所垄断，普通人很难有机会参与其中。而现在，Sora让每个人都有可能成为视频创作者，从而打破了这一垄断局面。

同时，Sora也提供了一系列编辑和特效工具，让用户能够更好地展示自己的创意和风格，从而吸引更多粉丝和支持者。

然而，要实现“人人都是网红”，并不是一件简单的事情。虽然Sora为普通人提供了更多机会，但成功的网红背后往往有专业团队，以独特的创意和风格吸引更多人的关注。同时，他们还需要具备专业知识和技能，如视频制作、社交媒体营销等，这样才能在竞争激烈的市场中脱颖而出。

此外，我们还应该看到，虽然Sora等工具降低了视频制作的门槛，但高质量的内容仍然需要专业的技能和经验。对于没有相关背景的人来说，制作出令人眼前一亮的视频内容仍然是一大挑战。

再者，成为网红并不意味着就能够获得持久的关注和成功。在互联网时代，信息传播速度极快，人们的注意力也变得越来越分散。网红要想保持其影响力和关注度，就需要不断创新，与粉丝保持紧密互动，并时刻关注市场的变化。这是一个巨大的挑战。

综上所述，Sora 为普通人实现网红梦提供了有力的技术支持和广阔的舞台。但要真正实现这一梦想，我们还需要在创意、洞察力和努力付出上下功夫。

16.2.3 创作更简单，就要拼特效与场景

借助文生视频大模型，创作者可以轻松地实现自己的创意和想象。无论是电影、电视剧、广告还是短视频，Sora 都能为创作者提供强大的技术支持，帮助他们将创意转化为现实。

在Sora时代，特效与场景的融合成为一种新的创作趋势。特效的运用使得场景更加生动逼真，而场景则能为特效提供最佳的展示舞台。这种融合不仅让观众享受到更加震撼的视听盛宴，也让创作者能够更好地表达自己的创作意图和情感。

特效能够为自媒体创作增色添彩，使视频内容更加生动有趣。通过添加特效元素，如文字、滤镜、动画等，创作者可以突出视频的重点，增强视觉效果，吸引观众注意力。例如，在一段美食制作视频中，创作者可以使用特效文字标注食材的名称、制作步骤等关键信息，让观众一目了然。此外，滤镜也是一种常见的特效元素，它可以调整视频的色彩、亮度、对比度等参数，使画面更加美观、清晰。

场景是自媒体创作中不可或缺的一部分。通过选择合适的场景，创作者可以营造出不同的氛围和风格，为观众带来沉浸式观看体验。例如，在旅游类自媒体中，美丽的自然风光和独特的文化景观成为吸引观众的关键因素。而在美食类自媒体中，诱人的美食和舒适的用餐环境则成为关键场景。

尽管 Sora 时代为自媒体创作带来了诸多便利和机遇，但也面临着一些挑战。例如，特效与场景的融合需要创作者具备一定的审美能力和创意思维。同时，随着自媒体市场的竞争日益激烈，创作者不断提高自己的创作水

平和创新能力，才能在激烈的市场竞争中脱颖而出。

Sora 时代，自媒体将继续发展壮大。随着技术的不断进步和创新，相信自媒体创作将变得更加简单、高效和有趣。同时，随着观众需求的不断变化和升级，自媒体创作者也需要不断学习和进步，以满足观众日益增长的需求和期待。

16.3 实例：通过Sora生成抖音视频

抖音作为当下最受欢迎的短视频平台之一，每天都有上亿名用户上传各种类型的视频。利用 Sora，用户可以更轻松地生成独特的抖音视频，为平台增添更多精彩内容。用户只需准备好素材，利用 Sora 的智能算法，即可快速生成独具特色的抖音视频。相信在不久的将来，越来越多的抖音用户将享受到这一技术的便利，共同打造一个更加繁荣的短视频生态。

16.3.1 娱乐类视频的文案应该怎么写

在 21 世纪的数字洪流中，社交媒体已渗透到我们生活的方方面面，而抖音，这个全球性的短视频分享平台，无疑是社交媒体领域的一颗璀璨明星。据统计，抖音的日活跃用户已经超过 6 亿名，每天有数以亿计的短视频在平台上发布，涵盖了教育、生活、娱乐等各个领域。

尤其在娱乐领域，抖音凭借其独特的创意和丰富的内容，成功吸引了大量用户的关注。面对激烈的竞争，创作者想要让自己的视频在海量视频中脱颖而出，引发用户的共鸣和点击，一份精心策划的文案显得至关重要。

撰写抖音娱乐类视频的文案，创作者首先需要深入理解目标用户的需求和兴趣。这需要通过数据分析，了解用户的浏览习惯、喜欢的主题或者热门的搜索词汇。如果目标用户是年轻人，那么文案中可以融入一些流行文化元素，如网络热词、热门话题或者热门音乐，以引发他们的共鸣。

数据分析是理解用户需求的关键。通过收集和分析用户的浏览历史、停留时间、点赞和分享行为等数据，创作者可以洞察用户的喜好和行为模式。例如，数据显示用户在晚上更活跃，那么视频创作者可以在晚上发布更多内容，以匹配用户的在线时间。同时，分析热门搜索词汇和话题，可以帮助创作者把握当前的流行趋势，及时调整视频的主题和风格。

对于年轻人这一主要用户群体，创作者需要密切关注流行文化动态。年轻人是流行文化的主要创造者和传播者，他们的兴趣点往往与最新的网络热词、热门话题和音乐紧密相关。因此，视频创作者的文案应该巧妙地融入这些元素，如引用热门歌曲的歌词，或者使用时下流行的网络用语，以此来引发他们的共鸣，使他们感到视频内容是为他们量身定制的。

运用修辞手法是增强吸引力的有效手段。设问可以引发用户的思考，让他们对视频内容产生探索的欲望；比喻则可以将抽象或复杂的信息转化为生动、易懂的形式，使用户在短时间内对视频有深入的理解；夸张则可以放大视频的亮点，使其更具冲击力，从而吸引用户的注意力。例如，“你是否曾想过，生活可以像电影一样精彩？”这样的设问，就可能引发用户的共鸣，激发他们点击观看的冲动。

创新性体现在对内容的独特解读和呈现方式上。这需要创作者跳出常规思维，避免使用过于常见的表达方式，以创新的视角和新颖的表达为用户带来耳目一新的体验。比如，对于一个旅行主题的视频，创作者不只可以说“带你游遍世界各地”，还可以创新地表达为“开启一场心灵的环球旅行，探索未知的自己”，后者更能凸显视频的独特性，增加辨识度。

最后，在文案中融入一些互动元素，如呼吁用户留言、点赞、分享，或者参与相关的互动活动，可以提高视频的互动率，进一步提升其在平台的曝光度。

总的来说，撰写抖音娱乐类视频文案是一门艺术，需要结合用户洞察、创新思维、语言技巧和互动策略。这样创作者才能在信息爆炸的时代成功吸引用户的注意力，让自己的视频在抖音平台上大放异彩。

16.3.2 主角要么拼颜值，要么拼个性

在这个高度竞争的时代，个人特质的打造变得尤为重要。要想成为一名网红，创作者就需要在颜值、个性、专业性和趣味性等方面下功夫。只有具

备这些特质，创作者才能在众多竞争者中脱颖而出，吸引更多的关注。

颜值在很大程度上影响着人们的第一印象，它是我们对他人的初始评价的重要组成部分。一个外貌出众的人，无论在社交、工作还是生活中，都更容易吸引他人的关注。

在社交场合，颜值高的人往往更容易引起他人的兴趣，被邀请参加各种活动。这不仅有助于拓宽人际交往的范围，还能够提高个人的社交地位。同时，外貌出众的人在建立友谊和恋爱关系上也具有优势，人们往往认为他们更具吸引力和社会价值。

在工作方面，颜值高的人更容易获得面试和晋升机会。一项研究表明，相同条件下，外貌出色的求职者相比外貌普通的求职者更容易被录用。此外，在职场上，颜值高的员工往往被认为更具能力和潜力，从而可以获得更多的培训和晋升机会。

除此之外，在日常生活中，颜值高的人也更容易获得陌生人的帮助。例如，在紧急情况下，外貌出色的个体更容易得到周围人的援助。这种现象在心理学上被称为“外貌效应”，指的是人们在面对美的外貌时，会产生一种正面情感，进而影响他们的判断和行为。

然而，仅仅依靠颜值并不能保证一个人在社交圈中长久地吸引他人。在这个信息爆炸、人际关系复杂的时代，个性成为另一个关键因素。一个人拥有的独特个性，是他的魅力所在，也是他在众多人中脱颖而出的法宝。个性鲜明的人，无论在何种场合，都能展现出独特的气质，让人印象深刻。

在这个时代，人们对于网红的审美疲劳越发明显。过去的网红，往往凭借高颜值、搞笑段子或独特才艺吸引大众目光，然而如今，这种模式已经无法满足大众的审美需求。只有那些拥有独特个性的人，才能在竞争激烈的网络世界中长久立足。

独特个性不仅仅是外表上的与众不同，更是内心的独立和自信。这种个性可以通过各种方式展现出来，如才华、性格、价值观等。拥有独特个性，一个人就能在众多网红中脱颖而出，吸引大众的关注。

个性独特的人会在网络上形成独具一格的形象。这种形象可能是幽默风趣的，也可能是深情款款的，但无论如何，它都是真实且独特的。这种形象使得粉丝能够更容易地产生共鸣，进而转化为忠实粉丝。

粉丝对网红的喜爱，不仅仅是因为他们的颜值，更是因为他们所展现出的独特个性。在充斥着模仿和抄袭的网络世界，独特个性让人眼前一亮。这种独特性使得粉丝更容易产生认同感和归属感，从而形成强大的凝聚力。

在这个时代，颜值和个性是相辅相成的。颜值可以吸引人们的关注，而独特的个性能让人们长久地喜爱和追随。想要成为网红，我们既要注重自己的外在形象，也要努力挖掘和打造自己的个性，这样才能在这个瞬息万变的时代中立足。

16.3.3 抖音上的视频要关注BGM和音效

抖音，这个在全球范围内引发热潮的短视频平台，其魅力远不止于短暂的视觉冲击。从其名字中，我们就能洞察到音乐在其中的关键角色，仿佛在呼唤用户跟随节拍，摇摆身体，与视频内容产生共鸣。音乐就像一股无形的力量，给每一个瞬间注入生命，使每一部作品都拥有独特的灵魂。

BGM 的选择，首先要考虑到视频内容和风格。比如，一部描绘自然风光的纪录片，可能需要悠扬的交响乐来衬托其壮丽与宁静；一部搞笑短片，可能需要节奏明快、轻松幽默的音乐来引发观众的笑声。音乐的风格应与视频内容的视觉风格、色彩搭配以及叙事节奏保持一致，形成和谐统一的视听效果。

音乐的节奏与视频画面的切换、动作的节奏相匹配，可以增强代入感。音乐的高潮与画面的高潮同步，可以瞬间点燃观众的情绪，使他们仿佛身临其境。例如，在一部动作电影的追逐戏中，紧张快速的音乐节奏可以加快观众的心跳，让他们沉浸在紧张刺激的剧情中。

BGM 的作用就如同烹饪中的调料，是为了提升主料的口感，而不是掩盖其原有的味道。因此，配乐的运用必须谨慎，避免过于突兀或过于抢戏，音乐应成为画面的附属品，而非主导。优秀的配乐，应该是如丝如缕，悄然融入，让观众在欣赏画面的同时，自然感受音乐带来的氛围和情绪，达到“无声胜有声”的艺术效果。

在现实感的构建上，音效起到了无可替代的作用。以烹饪视频为例，当锅铲与锅边碰撞，热油溅起的瞬间，配上那“滋滋”作响的声效，观众仿佛能闻到诱人的香气，感受到热气腾腾的烹饪现场。这种身临其境的体验，使得观众不再仅仅是旁观者，而是成为烹饪过程的一部分，从而更深入地理解和享受视频带来的乐趣。

而在游戏视频中，音效则成为营造氛围、增强互动感的重要工具。当主角挥剑斩敌，配上金属碰撞的清脆声效，或是枪炮声，瞬间就能将观众带到紧张刺激的战斗中。音效带来的沉浸感，使得观众更加投入，也更愿意花费时间观看和分享视频，从而提高视频的影响力和传播力。

音效的巧妙运用，也是视频创新和实现差异化的重要手段。在众多同类内容中，独特的、引人入胜的音效设计，往往能让观众一眼识别出你的视频，给他们留下深刻的印象。

BGM 和音效是抖音视频不可或缺的组成部分，它们能够增强视频的情感表达，提升观看体验，帮助视频塑造独特的风格，从而吸引观众的注意，实现更好的传播效果。